"十四五"职业教育国家规划教材

全国餐饮职业教育教学指导委员会重点课题"基于烹饪专业人才培养目标的中高职课程体系与教材开发研究"成果系列教材

餐饮职业教育创新技能型人才培养新形态一体化系列教材

总主编 ◎杨铭铎

食品安全与操作规范

主　编　申永奇

副主编　刘文雅　王文涛　孟晓娟　王云霞

编　者　（按姓氏笔画排序）

于　蔚　王　潞　王云霞　王文涛

申永奇　刘文雅　李海英　孟晓娟

赵　洋　魏湘杰

华中科技大学出版社
http://press.hust.edu.cn
中国·武汉

内 容 简 介

本书是"十四五"职业教育国家规划教材、全国餐饮职业教育教学指导委员会重点课题"基于烹饪专业人才培养目标的中高职课程体系与教材开发研究"成果系列教材、餐饮职业教育创新技能型人才培养新形态一体化系列教材。

本书包括绪论、食品安全基础知识、食品安全基本操作规范、食品安全法律及标准规范四个部分,共七个项目三十一个任务。附录中还提供了丰富的《餐饮服务食品安全操作规范》知识题库。

本书可作为烹饪类及食品类等相关专业的学生教材,还可用于餐饮服务食品安全操作规范培训以及食品安全操作规范普及教育用书。

图书在版编目(CIP)数据

食品安全与操作规范/申永奇主编. —武汉:华中科技大学出版社,2019.8(2024.9重印)
ISBN 978-7-5680-5467-6

Ⅰ.①食… Ⅱ.①申… Ⅲ.①食品安全-职业教育-教材 ②食品加工-技术操作规程-职业教育-教材
Ⅳ.①TS201.6 ②TS205-65

中国版本图书馆 CIP 数据核字(2019)第 162137 号

食品安全与操作规范

Shipin Anquan yu Caozuo Guifan

申永奇 主编

策划编辑:汪飒婷 车 巍
责任编辑:汪飒婷
封面设计:廖亚萍
责任校对:张会军
责任监印:周治超
出版发行:华中科技大学出版社(中国·武汉) 电话:(027)81321913
武汉市东湖新技术开发区华工科技园 邮编:430223
录 排:华中科技大学惠友文印中心
印 刷:武汉科源印刷设计有限公司
开 本:889mm×1194mm 1/16
印 张:8.25
字 数:233 千字
版 次:2024 年 9 月第 1 版第 8 次印刷
定 价:39.00 元

全国餐饮职业教育教学指导委员会重点课题
"基于烹饪专业人才培养目标的中高职课程体系与教材开发研究"成果系列教材
餐饮职业教育创新技能型人才培养新形态一体化系列教材

主　任

姜俊贤　全国餐饮职业教育教学指导委员会主任委员、中国烹饪协会会长

执行主任

杨铭铎　教育部职业教育专家组成员、全国餐饮职业教育教学指导委员会副主任委员、中国烹饪协会特邀副会长

副主任

乔　杰　全国餐饮职业教育教学指导委员会副主任委员、中国烹饪协会副会长

黄维兵　全国餐饮职业教育教学指导委员会副主任委员、中国烹饪协会副会长、四川旅游学院原党委书记

贺士榕　全国餐饮职业教育教学指导委员会副主任委员、中国烹饪协会餐饮教育委员会执行副主席、北京市劲松职业高中原校长

王新驰　全国餐饮职业教育教学指导委员会副主任委员、扬州大学旅游烹饪学院原院长

卢　一　中国烹饪协会餐饮教育委员会主席、四川旅游学院校长

张大海　全国餐饮职业教育教学指导委员会秘书长、中国烹饪协会副秘书长

郝维钢　中国烹饪协会餐饮教育委员会副主席、原天津青年职业学院党委书记

石长波　中国烹饪协会餐饮教育委员会副主席、哈尔滨商业大学旅游烹饪学院院长

于干千　中国烹饪协会餐饮教育委员会副主席、普洱学院副院长

陈　健　中国烹饪协会餐饮教育委员会副主席、顺德职业技术学院酒店与旅游管理学院院长

赵学礼　中国烹饪协会餐饮教育委员会副主席、西安商贸旅游技师学院院长

吕雪梅　中国烹饪协会餐饮教育委员会副主席、青岛烹饪职业学校校长

符向军　中国烹饪协会餐饮教育委员会副主席、海南省商业学校校长

薛计勇　中国烹饪协会餐饮教育委员会副主席、中华职业学校副校长

王　劲　常州旅游商贸高等职业技术学校副校长

王文英　太原慈善职业技术学校校长助理

王永强　东营市东营区职业中等专业学校副校长

王吉林　山东省城市服务技师学院院长助理

王建明　青岛酒店管理职业技术学院烹饪学院院长

王辉亚　武汉商学院烹饪与食品工程学院党委书记

邓　谦　珠海市第一中等职业学校副校长

冯玉珠　河北师范大学旅游学院副院长

师　力　西安桃李旅游烹饪专修学院副院长

吕新河　南京旅游职业学院烹饪与营养学院院长

朱　玉　大连市烹饪中等职业技术专业学校副校长

刘玉强　辽宁现代服务职业技术学院院长

庄敏琦　厦门工商旅游学校校长、党委书记

闫喜霜　北京联合大学餐饮科学研究所所长

孙孟建　黑龙江旅游职业技术学院院长

李　俊　武汉职业技术学院旅游与航空服务学院院长

李　想　四川旅游学院烹饪学院院长

李顺发　郑州商业技师学院副院长

张令文　河南科技学院食品学院副院长

张桂芳　上海市商贸旅游学校副教授

张德成　杭州市西湖职业高级中学校长

陆燕春　广西商业技师学院院长

陈　勇　重庆市商务高级技工学校副校长

陈全宝　长沙财经学校校长

陈运生　新疆职业大学教务处处长

林苏钦　上海旅游高等专科学校酒店与烹饪学院副院长

周立刚　山东银座旅游集团总经理

周洪星　浙江农业商贸职业学院副院长

赵　娟　山西旅游职业学院副院长

赵汝其　佛山市顺德区梁銶琚职业技术学校副校长

侯邦云　云南优邦实业有限公司董事长、云南能源职业技术学院现代服务学院院长

姜　旗　兰州市商业学校校长

聂海英　重庆市旅游学校校长

贾贵龙　深圳航空有限责任公司配餐部经理

诸　杰　天津职业大学旅游管理学院院长

谢　军　长沙商贸旅游职业技术学院湘菜学院院长

潘文艳　吉林工商学院旅游学院院长

网络增值服务

使用说明

欢迎使用华中科技大学出版社教学资源服务网

1 教师使用流程

（1）登录网址：**http://bookcenter.hustp.com**（注册时请选择教师用户）

注册 > 登录 > 完善个人信息 > 等待审核

（2）审核通过后，您可以在网站使用以下功能：

浏览教学资源　　建立课程　　　管理学生　　布置作业　查询学生学习记录等

教师

2 学员使用流程

（建议学员在PC端完成注册、登录、完善个人信息的操作。）

（1）PC 端操作步骤

　　① 登录网址：http://bookcenter. hustp. com（注册时请选择普通用户）

注册 > 登录 > 完善个人信息

　　② 查看课程资源：（如有学习码，请在个人中心－学习码验证中先验证，再进行操作。）

选择课程

首页课程 › 课程详情页 › 查看课程资源

（2）手机端扫码操作步骤

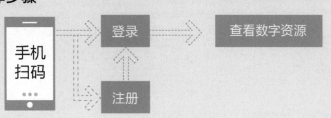

手机扫码

登录 → 查看数字资源

注册

开展餐饮教学研究　　加快餐饮人才培养

餐饮业是第三产业重要组成部分,改革开放40年来,随着人们生活水平的提高,作为传统服务性行业,餐饮业对刺激消费需求、推动经济增长发挥了重要作用,在扩大内需、繁荣市场、吸纳就业和提高人民生活质量等方面都做出了积极贡献。就经济贡献而言,2018年,全国餐饮收入42716亿元,首次超过4万亿元,同比增长9.5%,餐饮市场增幅高于社会消费品零售总额增幅0.5个百分点;全国餐饮收入占社会消费品零售总额的比重持续上升,由上年的10.8%增至11.2%;对社会消费品零售总额增长贡献率为20.9%,比上年大幅上涨9.6个百分点;强劲拉动社会消费品零售总额增长了1.9个百分点。中国共产党第十九次全国代表大会(简称党的十九大)吹响了全面建成小康社会的号角,作为人民基本需求的饮食生活,餐饮业的发展好坏,不仅关系到能否在扩内需、促消费、稳增长、惠民生方面发挥市场主体的重要作用,而且关系到能否满足人民对美好生活的向往、实现小康社会的目标。

一个产业的发展,离不开人才支撑。科教兴国、人才强国是我国发展的关键战略。餐饮业的发展同样需要科教兴业、人才强业。经过60多年特别是改革开放40年来的大发展,目前烹饪教育在办学层次上形成了中职、高职、本科、硕士、博士五个办学层次;在办学类型上形成了烹饪职业技术教育、烹饪职业技术师范教育、烹饪学科教育三个办学类型;在学校设置上形成了中等职业学校、高等职业学校、高等师范院校、普通高等学校的办学格局。

我从全聚德董事长的岗位到担任中国烹饪协会会长、全国餐饮职业教育教学指导委员会主任委员后,更加关注烹饪教育。在到烹饪院校考察时发现,中职、高职、本科师范专业都开设了烹饪技术课,然而在烹饪教育内容上没有明显区别,层次界限模糊,中职、高职、本科烹饪课程设置重复,拉不开档次。各层次烹饪院校人才培养目标到底有哪些区别?在一次全国餐饮职业教育教学指导委员会和中国烹饪协会餐饮教育委员会的会议上,我向在我国从事餐饮烹饪教育时间很久的资深烹饪教育专家杨铭铎教授提出了这一问题。为此,杨铭铎教授研究之后写出了《不同层次烹饪专业培养目标分析》《我国现代烹饪教育体系的构建》,这两篇论文回答了我的问题。这两篇论文分别刊登在《美食研究》和《中国职业技术教育》上,并收录在中国烹饪协会主编的《中国餐饮产业发展报告》之中。我欣喜地看到,杨铭铎教授从烹饪专业属性、学科建设、课程结构、中高职衔接、课程体系、课程开发、校企合作、教师队伍建设等方面进行研究并提出了建设性意见,对烹饪教育发展具有重要指导意义。

杨铭铎教授不仅在理论上探讨烹饪教育问题,而且在实践上积极探索。2018年在全国餐饮职业教育教学指导委员会立项重点课题"基于烹饪专业人才培养目标的中高职课程体系与教材开发研究"(CYHZWZD201810)。该课题以培养目标为切入点,明晰烹饪专业人才培养规格;以职业技能为结合点,确保烹饪人才与社会职业有效对接;以课程体系为关键点,通过课程结构与课程标准精准实现培养目标;以教材开发为落脚点,开发教学过程与生产过程对接的、中高职衔接的两套烹饪专业课程系列教材。这一课题的创新点在于:研究与编写相结合,中职与高职相同步,学生用教材与教师用参考书相联系,资深餐饮专家领衔任总主编与全国排名前列的大学出版社相协作,编写出的中职、高职系列烹饪专业教材,解决了烹饪专业文化基础课程与职业技能课程脱节,专业理论课程设置重复,烹饪技能课交叉,职业技能倒挂,教材内容拉不开层次等问题,是国务院《国家职业教育改革实施方案》提出的完善教育教学相关标准中的"持续更新并推进专业教学标准、课程标准建设和在职业院校落地实施"这一要求在烹饪职业教育专业的具体举措。基于此,我代表中国烹饪协会、全国餐饮职业教育教学指导委员会向全国烹饪院校和餐饮行业推荐这两套烹饪专业教材。

习近平总书记在党的十九大报告中指出:"到建党一百年时建成经济更加发展、民主更加健全、科教更加进步、文化更加繁荣、社会更加和谐、人民生活更加殷实的小康社会,然后再奋斗三十年,到新中国成立一百年时,基本实现现代化,把我国建成社会主义现代化国家"。经济社会的发展,必然带来餐饮业的繁荣,迫切需要培养更多更优的餐饮烹饪人才,要求餐饮烹饪教育工作者提出更接地气的教研和科研成果。杨铭铎教授的研究成果,为中国烹饪技术教育研究开了个好头。让我们餐饮烹饪教育工作者与餐饮企业家携起手来,为培养千千万万优秀的烹饪人才、推动餐饮业又好又快地发展,为把我国建成富强、民主、文明、和谐、美丽的社会主义现代化强国增添力量。

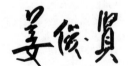

全国餐饮职业教育教学指导委员会主任委员

中国烹饪协会会长

出版
说明

　　《国家中长期教育改革和发展规划纲要(2010—2020年)》及《国务院办公厅关于深化产教融合的若干意见(国办发〔2017〕95号)》等文件指出:职业教育到2020年要形成适应经济发展方式的转变和产业结构调整的要求,体现终身教育理念,中等和高等职业教育协调发展的现代教育体系,满足经济社会对高素质劳动者和技能型人才的需要。2019年1月,国务院印发的《国家职业教育改革实施方案》中更是明确提出了提高中等职业教育发展水平、推进高等职业教育高质量发展的要求及完善高层次应用型人才培养体系的要求;为了适应"互联网＋职业教育"发展需求,运用现代信息技术改进教学方式方法,对教学教材的信息化建设,应配套开发信息化资源。

　　随着社会经济的迅速发展和国际化交流的逐渐深入,烹饪行业面临新的挑战和机遇,这就对新时代烹饪职业教育提出了新的要求。为了促进教育链、人才链与产业链、创新链有机衔接,加强技术技能积累,以增强学生核心素养、技术技能水平和可持续发展能力为重点,对接最新行业、职业标准和岗位规范,优化专业课程结构,适应信息技术发展和产业升级情况,更新教学内容,在基于全国餐饮职业教育教学指导委员会2018年度重点科研项目"基于烹饪专业人才培养目标的中高职课程体系与教材开发研究"(CYHZWZD201810)的基础上,华中科技大学出版社在全国餐饮职业教育教学指导委员会副主任委员杨铭铎教授的指导下,在认真、广泛调研和专家推荐的基础上,组织了全国90余所烹饪专业院校及单位,遴选了近300位经验丰富的教师和优秀行业、企业人才,共同编写了本套全国餐饮职业教育教学指导委员会重点课题"基于烹饪专业人才培养目标的中高职课程体系与教材开发研究"成果系列教材、餐饮职业教育创新技能型人才培养新形态一体化系列教材。

　　本教材力争契合烹饪专业人才培养的灵活性、适应性和针对性,符合岗位对烹饪专业人才知识、技能、能力和素质的需求。本套教材有以下编写特点:

　　1.权威指导,基于科研　本套教材以全国餐饮职业教育教学指导委员会的重点科研项目为基础,由国内餐饮职业教育教学和实践经验丰富的专家指导,将研究成果适度、合理落脚于教材中。

　　2.理实一体,强化技能　遵循以工作过程为导向的原则,明确工作任务,并在此基础上将与技能和工作任务集成的理论知识加以融合,使得学生在实际工作环境中,知识和技能协调配合。

　　3.贴近岗位,注重实践　按照现代烹饪岗位的能力要求,对接现代烹饪行业和企业的职业技能标准,将学历证书和若干职业技能等级证书("1+X"证书)内容相结合,融入新技术、新工艺、新规范、新要求,培养职业素养、专业知识和职业技能,提高学生应对实际工作的能力。

4.编排新颖,版式灵活　注重教材表现形式的新颖性,文字叙述符合行业习惯,表达力求通俗、易懂,版面编排力求图文并茂、版式灵活,以激发学生的学习兴趣。

5.纸质数字,融合发展　在新形势媒体融合发展的背景下,将传统纸质教材和我社数字资源平台融合,开发信息化资源,打造成一套纸数融合一体化教材。

本系列教材得到了全国餐饮职业教育教学指导委员会和各院校、企业的大力支持和高度关注,它将为新时期餐饮职业教育做出应有的贡献,具有推动烹饪职业教育教学改革的实践价值。我们衷心希望本套教材能在相关课程的教学中发挥积极作用,并得到广大读者的青睐。我们也相信本套教材在使用过程中,通过教学实践的检验和实际问题的解决,能不断得到改进、完善和提高。

党的二十大报告中提到"统筹职业教育、高等教育、继续教育协同创新,推进职普融通、产教融合、科教融汇,优化职业教育类型定位""加强教材建设和管理""推进教育数字化,建设全民终身学习的学习型社会、学习型大国"。2019年1月24日,国务院印发了《国家职业教育改革实施方案》,方案中指出:"坚持以习近平新时代中国特色社会主义思想为指导,把职业教育摆在教育改革创新和经济社会发展中更加突出的位置。牢固树立新发展理念,服务建设现代化经济体系和实现更高质量更充分就业需要,对接科技发展趋势和市场需求,完善职业教育和培训体系,优化学校、专业布局,深化办学体制改革和育人机制改革,以促进就业和适应产业发展需求为导向,鼓励和支持社会各界特别是企业积极支持职业教育,着力培养高素质劳动者和技术技能人才。""每3年修订1次教材,其中专业教材随信息技术发展和产业升级情况及时动态更新。"

本教材的编写、修订和完善始终坚持为党育人、为国育才的初心使命和立德树人的根本任务。本教材依据中华人民共和国教育部和中华人民共和国人力资源和社会保障部颁布的烹饪相关专业的教学标准和国家职业技能标准编写,是烹饪相关专业的核心课程教材。教材以培养学生的食品安全意识和操作规范为目的,以烹饪专业人才培养目标为切入点,与职业技能标准对接,使学生掌握食品安全的基础知识和基本操作规范,为职业发展打下坚实的食品安全知识和职业素养基础。

教材编写采用"项目—任务式"编写体例,一个学习任务对应教学中的一节课,力求避免容量过大、难度过大,方便教师教和学生学。编写和修订中以《中华人民共和国食品安全法》和《餐饮服务食品安全操作规范》《食品安全国家标准 餐饮服务通用卫生规范》(GB31654—2021)为法律和标准规范的参考依据。

教材主编由申永奇(大连市烹饪中等职业技术专业学校)担任,副主编由刘文雅(西安商贸旅游技师学院)、王文涛(杭州市西湖职业高级中学)、孟晓娟(大连市烹饪中等职业技术专业学校)、王云霞(晋城技师学院)担任,参编人员还有江苏省徐州技师学院的李海英、晋城技师学院的于蔚、大连市烹饪中等职业技术专业学校的王潞、魏湘杰、赵洋老师。教材分绪论、食品安全基础知识、食品安全基本操作规范、食品安全法律及标准规范四个部分和附录,共七个项目三十一个任务。

　　编写分工如下：申永奇编写项目一、项目六；刘文雅、李海英、王潞编写项目二；王文涛、赵洋编写项目三；刘文雅、魏湘杰编写项目四；王云霞、于蔚编写项目五；孟晓娟编写项目七；全书统稿等工作由申永奇完成。教材的编写得到了杨铭铎教授等相关专家、华中科技大学出版社汪飒婷老师以及大连佳选物联网科技有限公司、玖福团膳餐饮管理(大连)有限公司、大连市餐饮行业协会的大力支持，在此一并表示感谢！

　　由于编写时间和编者水平有限，书中不足之处在所难免，恳请各校同仁及读者批评指正。

编者

目录

第一部分

绪　论

走进"食品安全与操作规范"

扫码看课件

项目描述

本项目包含两项学习任务:认知"食品安全与操作规范"和认知"食品安全与操作规范"与烹饪专业、烹饪岗位的关系。通过此项目的学习,使学生了解"食品安全与操作规范"的课程概要及与烹饪专业、烹饪岗位的关系,掌握"食品安全与操作规范"课程的主要内容,明确"食品安全与操作规范"课程的考核办法和学习方法,树立学好"食品安全与操作规范"课程,保障食品安全的使命感和责任感。

项目目标

1. 了解"食品安全与操作规范"的课程概要及与烹饪专业、烹饪岗位的关系。
2. 掌握"食品安全与操作规范"课程的主要内容。
3. 明确"食品安全与操作规范"课程的考核办法和学习方法。
4. 树立学好"食品安全与操作规范"课程,保障食品安全的使命感和责任感。

任务一 认知"食品安全与操作规范"

扫码听微课

任务目标

1. 了解"食品安全与操作规范"课程概要。
2. 掌握"食品安全与操作规范"课程的主要内容。
3. 明确"食品安全与操作规范"课程的考核办法。
4. 树立学好"食品安全与操作规范"课程,保障食品安全的使命感和责任感。

任务导入

高举中国特色社会主义伟大旗帜,增强全民食品安全法治观念

党的二十大报告中提出"坚持全面依法治国,推进法治中国建设",在食品安全领域,应高举中国特色社会主义伟大旗帜,增强全民食品安全法治观念,以《中华人民共和国食品安全法》最严谨的标准、最严格的监管、最严厉的处罚、最严肃的问责,确保广大人民群众"舌尖上的安全"。

保障食品安全是餐饮从业人员为人民服务的前置、必要条件,否则将会存在巨大的安全风险,可能会造成惨重的生命代价和经济损失,甚至面临法律制裁,给家庭和社会带来极大的危害。因此,我国一直以来十分重视食品安全工作,从法律保障、执法检查、宣传教育等多方面、全方位构筑社会共治的食品安全保障体系。食品安全的相关知识一直以来就是餐饮从业人员学习、培训的必修内容。

下面,我们就共同走进今天的学习任务。

 **任务实施**

一、"食品安全与操作规范"课程概要

"食品安全与操作规范"是中华人民共和国教育部(简称"教育部")颁布的《烹饪相关专业教学标准》中的一门专业核心必修课程,是中华人民共和国人力资源和社会保障部(简称"人社部")颁布的《国家职业技能标准——中式烹调师》《国家职业技能标准——西式烹调师》《国家职业技能标准——中式面点师》《国家职业技能标准——西式面点师》中基础知识的重要组成部分。

"食品安全与操作规范"课程以培养学生的食品安全意识和操作规范为目的,使学生掌握食品安全的基础知识和基本操作规范,为职业发展打下坚实的基础。

二、课程主要内容

(一)食品安全基础知识

❶ **食品污染及其预防控制措施**　理解食品污染的概念,了解食品污染的危害,掌握食品污染的分类和预防控制措施,增强规范操作和防止食品污染的食品安全意识。

❷ **食品腐败变质及其预防控制措施**　理解食品腐败变质的概念和变化实质,分析食品腐败变质的引发因素,理解并掌握预防控制食品腐败变质的措施,增强预防食品腐败变质引发食物中毒的食品安全意识和能力。

❸ **食物中毒及其预防措施**　理解食物中毒的概念、特点,掌握食物中毒的分类及各类食物中毒的预防措施,提高预防食物中毒的能力,增强保障食品安全的职业意识。

❹ **烹饪原料的卫生**　了解常见烹饪原料的卫生问题及引发原因,掌握常见烹饪原料的卫生质量标准,增强优质烹饪原料的鉴别、挑选能力,提高保障食品安全的职业意识。

(二)食品安全基本操作规范

❶ **餐饮从业人员的健康管理及培训考核要求**　明确餐饮从业人员的健康管理及培训考核要求,增强餐饮从业人员的食品安全意识,提高保障食品安全的能力。

❷ **餐饮从业人员个人卫生的食品安全操作规范**　明确餐饮从业人员个人卫生的食品安全操作规范中的具体要求,增强餐饮从业人员的食品安全意识,提高保障食品安全的能力。

❸ **烹饪原料采购岗位的食品安全操作规范**　明确烹饪原料采购岗位食品安全操作规范中的具体要求,增强烹饪原料采购岗位的食品安全意识,提高保障食品安全的能力。

❹ **烹饪原料库房管理岗位的食品安全操作规范**　明确烹饪原料库房管理岗位食品安全操作规范中的具体要求,增强烹饪原料库房管理岗位的食品安全意识,提高保障食品安全的能力。

❺ **食品添加剂使用的安全操作规范**　理解食品添加剂的概念,了解食品添加剂的功能分类,掌握餐饮操作环节中食品添加剂的使用要求,了解餐饮操作环节中食品添加剂使用存在的主要问题,增强食品添加剂依法使用的法律意识,提高保障食品安全的能力。

❻ **烹饪原料初加工岗位的食品安全操作规范**　明确烹饪原料初加工岗位食品安全操作规范中

的具体要求,增强烹饪原料初加工岗位的食品安全意识,提高保障食品安全的能力。

⑦ 冷食制作岗位的食品安全操作规范 明确冷食制作岗位食品安全操作规范中的具体要求,增强冷食制作岗位的食品安全意识,提高保障食品安全的能力。

⑧ 热菜制作岗位的食品安全操作规范 明确热菜制作岗位食品安全操作规范中的具体要求,增强热菜制作岗位的食品安全意识,提高保障食品安全的能力。

⑨ 面点饭食制作岗位的食品安全操作规范 明确面点饭食制作岗位食品安全操作规范中的具体要求,增强面点饭食制作岗位的食品安全意识,提高保障食品安全的能力。

⑩ 裱花蛋糕制作岗位的食品安全操作规范 明确裱花蛋糕制作岗位食品安全操作规范中的具体要求,增强裱花蛋糕制作岗位的食品安全意识,提高保障食品安全的能力。

⑪ 餐用具清洗消毒岗位的食品安全操作规范 明确餐用具清洗消毒岗位食品安全操作规范中的具体要求,增强餐用具清洗消毒岗位的食品安全意识,提高保障食品安全的能力。

⑫ 餐饮废弃物管理处置岗位的食品安全操作规范 明确餐饮废弃物管理处置岗位食品安全操作规范中的具体要求,增强餐饮废弃物管理处置岗位的食品安全意识,提高保障食品安全的能力。

(三)餐饮业食品安全的主要法律法规及标准规范

① 《中华人民共和国食品安全法》(后简称"食品安全法") 了解食品安全法的基本框架,掌握食品安全法中与餐饮业相关的主要条款,增强保障食品安全的法律意识。

② 《餐饮服务食品安全操作规范》 了解《餐饮服务食品安全操作规范》的基本框架,掌握《餐饮服务食品安全操作规范》的内容特点,增强保障食品安全的规范操作意识。

③ 《食品安全国家标准 餐饮服务通用卫生规范》 了解《食品安全国家标准 餐饮服务通用卫生规范》的基本内容,掌握《食品安全国家标准 餐饮服务通用卫生规范》的内容特点,增强保障食品安全的标准意识。

三、课程考核办法

① 过程性考核 主要用于考查学生学习过程中学习任务的完成情况、参与情况及学习态度、学习纪律、出勤等,一般应占学科总评成绩的60%。

② 终结性考核 主要用于考核学生对课程知识的理解和掌握情况,一般占学科总评成绩的40%。主要通过期末考试或答辩等方式来进行考核赋分。

③ 总体评价 根据课程过程性考核成绩、终结性考核成绩,按比例计入,形成课程总体评价成绩。

任务检验

① 选择题(单选)

(1)有关食品安全的正确表述是(　　)。

A. 经过灭菌,食品中不含有任何细菌

B. 食品无毒、无害,符合应当有的营养要求,对人体健康不造成任何急性、亚急性或者慢性危害

C. 含有食品添加剂的食品一定是不安全的

D. 食品即使超过了保质期,但若外观、口感正常则仍是安全的

(2)以下关于食品安全标准的说法正确的是(　　)。

A. 食品安全标准是鼓励性标准

B. 食品安全标准是推荐性标准

《中等职业学校中餐烹饪与营养膳食专业教学标准(试行)》(摘选)

C. 食品安全标准是强制性标准

D. 食品安全标准是自愿性标准

2 简答题

(1)请简述"食品安全与操作规范"的课程概要。

(2)请简述"食品安全与操作规范"课程的主要内容。

任务二 **认知"食品安全与操作规范"与烹饪专业、烹饪岗位的关系**

扫码听微课

 **任务目标**

1. 了解"食品安全与操作规范"与烹饪专业、烹饪岗位的关系。

2. 明确"食品安全与操作规范"课程的学习方法。

3. 树立学好"食品安全与操作规范"课程,保障食品安全的使命感和责任感。

 **任务导入**

食品安全是保障餐饮企业发展的重要基本条件,也是餐饮企业给消费者提供服务的必需基本保障,更是要求全体餐饮工作者共同遵循的基本工作准则。餐饮企业的主要产品就是菜肴,而菜肴的食品安全是顾客最基本的要求,也是一名合格厨师最基本的职业素质体现。不重视食品安全的厨师是不合格的,更是危险的。因此,学好、用好"食品安全与操作规范"对烹饪专业的学生和餐饮从业者是十分重要的。

下面,我们就共同走进今天的学习任务。

任务实施

一、"食品安全与操作规范"与烹饪专业、烹饪岗位的关系

1 **"民以食为天,食以安为先"** 这是千百年来,人们用生命与健康代价换来的警示语。烹饪专业、烹饪岗位作为体现和做好"民以食为天,食以安为先"的重要载体,学好并实践"食品安全与操作规范"则是重要保障措施。

食品是人类赖以生存和发展的最基本的物质条件,食品安全涉及人类最基本权利的保障,关系到人民的健康和幸福,关系到国家的稳定和强盛,更关系到"中国梦"的实现。随着经济社会不断进步,经济全球化不断发展,人们饮食更加多样化,食品卫生与安全成为备受关注的热门话题。"苏丹红事件""注水肉""毒胶囊""三鹿奶粉事件""瘦肉精事件"等,无一不牵动着广大民众的心,食品安全问题已成为全国消费者关注的焦点。

2 **"食品安全与操作规范"是烹饪专业学习的重要内容** 在教育部颁布的烹饪相关专业教学标准中,"食品安全与操作规范"占据专业核心课程的重要地位,是必修的重要课程内容。

3 **"食品安全与操作规范"是指导烹饪岗位实践的重要操作标准** 在人社部颁布的《国家职业技能标准——中式烹调师》《国家职业技能标准——西式烹调师》《国家职业技能标准——中式面点师》《国家职业技能标准——西式面点师》中,"食品安全与操作规范"的相关内容均作为基础知识的重要组成部分,也是指导烹饪岗位实践的重要操作标准,保障餐饮服务过程的食品安全。

4 **"食品安全与操作规范"是规范餐饮业发展的重要保障** 餐饮业在我国居民生活中占有重要位置。近年来,餐饮业蓬勃发展,持有食品经营许可证的餐饮服务提供者已达490多万户,从业人员

Note

约 3000 万人,2017 年餐饮业销售收入约 3.96 万亿,约占社会消费品零售总额的 10.8%。同时,伴随经济社会发展和"互联网＋餐饮"的深度融合,网络订餐、无人售卖等餐饮服务经营新理念、新模式、新业态、新方式、新手段不断涌现,餐饮服务食品安全新情况、新问题、新挑战层出不穷。习近平总书记在党的十九大上指出"中国特色社会主义进入新时代,我国社会主要矛盾已经转化为人民日益增长的美好生活需要和不平衡不充分的发展之间的矛盾"。习近平总书记在主持召开中央财经领导小组第十四次会议时指出:"要从满足普遍需求出发,促进餐饮业提高安全质量"。餐饮业的飞速发展,首先应该是安全的发展,否则高质量发展就无从谈起。在餐饮业认真学习和践行"食品安全与操作规范",是规范餐饮业发展的重要保障。

⑤ 学习"食品安全与操作规范"是保障《中华人民共和国食品安全法》在餐饮业实施的重要手段

《中华人民共和国食品安全法》作为我国食品安全领域的"母法",在其下面还有一系列的法律法规及标准等共同构成保障食品安全的法律法规体系,其中和餐饮业关系较为密切的是《餐饮服务食品安全操作规范》,而"食品安全与操作规范"中的课程内容与《餐饮服务食品安全操作规范》密切相关。因此,学习"食品安全与操作规范"成为保障《中华人民共和国食品安全法》在餐饮业中实施的重要手段。

二、本课程的学习方法及要求

① 注重理论联系实际 "食品安全与操作规范"课程形式主要为理论课,但它的最终意义和价值在于指导和规范餐饮工作者的行为,如果把"食品安全与操作规范"比作"灵魂",那"餐饮工作"就是"肉体",二者需要"合二为一"。

② 注重实践 要防止"食品安全与操作规范"课程学习和餐饮实际工作"两张皮"现象,"食品安全与操作规范"课程学习对象主要为烹饪专业学生和餐饮业从业人员,日常学习和工作中都有餐饮实践操作,应主动将"食品安全与操作规范"课程学习内容应用到餐饮工作实践当中去,养成良好的食品安全规范操作习惯,保障操作过程和菜品的食品安全。

③ 增强责任感和使命感 作为一名烹饪专业的学生,一定要树立努力为社会主义建设事业做伟大贡献的远大理想,严格要求自己,尤其是依法保障食品安全,要为每一位消费者的身心健康负责。我们不仅要在行业内成为技艺精湛的名厨大师,更要成为依法保障食品安全的践行者,增强认真贯彻落实《中华人民共和国食品安全法》《餐饮服务食品安全操作规范》等法律法规、标准规范的高度责任感和使命感。

 **任务检验**

简答题 请简述"食品安全与操作规范"与烹饪专业、烹饪岗位的关系。

中共中央、国务院关于深化改革加强食品安全工作的意见(2019 年 5 月 9 日)(摘选)

第二部分

食品安全基础知识

食品污染及其预防控制措施

项目描述

　　食品污染是导致食品营养价值和卫生质量下降,甚至是引起食物中毒和食品丧失食用价值的重要原因。通过此项目的学习和任务的完成,我们可以理解食品污染的概念,了解食品污染的危害,掌握食品污染的分类和预防控制措施,从而提升规范操作的能力,增强防止食品污染的安全意识。

项目目标

　　1.理解食品污染的概念。
　　2.掌握食品污染的分类。
　　3.了解食品污染的危害。
　　4.掌握食品污染的预防控制措施。
　　5.提升规范操作的能力,增强防止食品污染的安全意识。

任务一　认知食品污染

 任务目标

　　1.理解食品污染的概念。
　　2.掌握食品污染的分类。
　　3.提升规范操作的能力,增强防止食品污染的安全意识。

 任务导入

　　食品本身不应含有有毒有害的物质。但是,在种植或饲养、生长、收割或宰杀、加工、储存、运输、销售到食用前的各个环节中,由于环境或人为因素的作用,可能使食品受到有毒有害物质的侵袭而造成污染,使食品的营养价值和卫生质量降低,甚至引起食物中毒和丧失食用价值,但究其主要原因,仍然是人为的不规范操作。

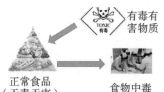

正常食品　　　　食物中毒
（无毒无害）

　　案例一:4月3日,湖北某县部分学生发生食物中毒事件,已致65人住院治疗。县政府发布通报称,现已查明原因,系食用由某糕点店制作送往校内超市的不洁糕点所致急性肠胃炎,相关部门已查封了涉事企业并立案调查。

案例二：5月20日，广西南宁某所幼儿园数名儿童出现腹痛和连续呕吐的情况，经医生初诊，属于呕吐病和细菌性感染，疑似集体食物中毒。

案例三：5月20日，成都某医院陆续收治多名呕吐、腹泻及发热病人。这些病人均称，入院前一两天，曾在医院附近的网红串串店就餐。该区疾病预防控制中心（简称疾控中心）介入后，通过抽样检验发现，入院病人系沙门氏菌感染。

这些事件的中毒人数众多，中毒场所多为集体食堂及中小型餐饮单位。中毒原因主要是食品加工环境卫生状况较差，食品制作过程中生熟不分，餐用具消毒不严，食品加工人员不注意个人卫生和带菌操作等导致的食品污染。

 **任务实施**

一、食品污染的概念

食品污染是指危害人体健康的有害物质进入正常食品的过程。食品污染会造成食品安全性、营养性、感官性状的变化，改变或降低食品原有的营养价值和卫生质量，会对人体产生危害。

二、食品污染的分类

食品污染可以发生在食品生产、运输、储存、销售等各个环节的不规范操作过程中，按照食品污染源的不同性质，一般可以将食品污染分为生物性污染、化学性污染和物理性污染。

（一）生物性污染

生物性污染指有害于人体健康的生物进入正常食品的过程。其污染源包括微生物、寄生虫、"四害"等。其中以微生物污染范围最广、危害最大。

1 微生物污染 主要污染物有细菌与细菌毒素、霉菌与霉菌毒素等。

常见细菌性污染按照菌属的致病性又可分为致病菌、条件致病菌和非致病菌。致病菌对食品的污染有两种情况，第一种是动物生前感染，如奶、肉在禽畜生前即潜存着致病菌；第二种是外界污染，致病菌来自外环境，与畜体本身的生前感染无关。条件致病菌通常情况下不致病，但在一定的特殊条件下才有致病力，常见的有葡萄球菌、链球菌、变形杆菌、韦氏梭菌、蜡样芽孢杆菌等。非致病菌在自然界分布极广，在

土壤、水体、食物中更为多见。食物中的细菌绝大多数都是非致病菌，这些非致病菌中，有许多都与食品腐败变质有关。

霉菌在自然界分布很广，种类繁多。有些霉菌对人类是有益的，但有些霉菌污染食品后能迅速繁殖，导致食品腐败变质，失去食用价值，甚至产生毒素使人和牲畜中毒。霉菌毒素与细菌毒素不同，它不是复杂的蛋白质分子，不会产生抗体，它的形成受到菌粒、菌株、环境、气候、生态学等因素的影响，在0 ℃以下和30 ℃以上多数霉菌产毒能力减弱或消失。因此，霉菌毒素造成人畜中毒常有地区性和季节性的特点。目前已知的霉菌毒素大约有200 种，一般按其产生毒素的主要霉菌名称来命名，比较重要的有黄曲霉毒素、杂色曲霉毒素、镰刀菌毒素、展青霉素、黄绿青霉素等，其中黄曲霉毒素的致病性最强。黄曲霉毒素是由黄曲霉和寄生曲霉产生的一类代谢产物，具有极强的毒性和致癌性。它在自然界分布十分广泛，土壤、粮食、油料作物、种子均可见到。主要污染的食品以花生、花生油、玉米最为严重，大米、小麦、面粉较轻，豆类一般很少受到污染，其他食品如白薯干、胡桃、杏仁等也有报道曾受到污染。黄曲霉毒素比较耐热，在一般的烹调温度下不会被破坏，只有达到280 ℃时

才能发生裂解，毒性才有所下降。在加氢氧化钠的碱性条件下，黄曲霉毒素的内酯环被破坏，形成香豆素钠盐，该钠盐可溶于水，则可通过水洗予以去除，但如果碱处理不够，酸化将使反应逆转形成原来的黄曲霉毒素。

② **寄生虫及虫卵污染**　危害人类健康的寄生虫主要有蛔虫、绦虫、蛲虫、肺吸虫、肝吸虫、旋毛虫等。污染源主要为病人、病畜及水生物。污染方式多为病人、病畜的粪便污染水源或土壤，从而使家畜、鱼类及蔬菜受到感染或污染。

囊虫是绦虫的幼虫，通过肉食能直接对人体造成危害，如猪囊虫病就是人畜共患的一种寄生虫病，患有猪囊虫病的猪肉（俗称米猪肉或豆猪肉）不能食用，吃了生肉或煮得不熟的肉后，囊尾蚴虫可在人体肠道内发育成为成虫，即发生猪绦虫病（或称囊尾蚴病）。吃未煮熟的牛肉也同样可能感染牛绦虫病，严重影响人体健康。旋毛虫可以寄生在猪、狗体内肌肉中，人吃了这种未煮熟的病猪肉、狗肉可患旋毛虫病。肝吸虫是由华支睾吸虫寄生于鱼肝内胆小管的一种寄生虫，常因吃生鱼而致病，引起人心脾肿大及消化道功能减退等。

③ **"四害"污染**　苍蝇、蚊子、蟑螂、老鼠，这些生物称之为"四害"。它们活动区域广泛，经常出没在卫生状况极差的区域，身上携带多种病菌，与正常食物接触之后就会造成食品污染，甚至由于卫生管理不善，会直接出现在菜品里，导致菜品感官性质恶化，营养质量降低，甚至完全失去食用的价值。

（二）化学性污染

化学性污染指有害于人体健康的化学物质进入正常食品的过程。化学性污染种类繁多，来源复杂，其污染源主要包括化学农药、工业有害物质、食品添加剂、包装容器溶出物等。

① **化学农药污染**　化学农药污染食品的主要途径有以下几种：一是为防治农作物病虫害使用农药，喷洒作物而直接污染食用作物；二是植物根部吸收；三是空中随雨水降落；四是食物链富集；五是运输储存中混放。

目前世界各国的化学农药品种有1400多种，作为基本品种使用的有40种左右。几种常用的、容易对食品造成污染的化学农药品种有有机氯农药、有机磷农药、有机汞农药、氨基甲酸酯类农药等。化学农药除了可造成人体的急性中毒外，绝大多数会对人体产生慢性危害，并且都是通过食品污染的形式造成的。

② **工业有害物质、食品添加剂、包装容器溶出物等污染**　随着现代工业技术的发展，工业有害物质及其他化学物质对食品的污染也越来越引起人们的重视。工业有害物质及其他化学物质主要指汞、镉、铅、砷、N-亚硝基化合物等。工业有害物质污染食品的途径主要有环境污染，食品容器、包装材料和生产设备、工具中有害物质溶出的污染，食品运输过程的污染以及滥用食品添加剂等，如环境中铅超标导致食物铅污染出现儿童血铅超标，违规使用含铝食品添加剂制作馒头使馒头中铝超标，劣质食品包装纸印刷油墨中多氯联苯污染食品等。

（三）物理性污染

物理性污染指有害于人体健康的物理性物质进入正常食品的过程。通常会出现在食品生产加工过程中杂质超过规定的含量，或食品吸附、吸收外来的放射性核素而引起食品安全问题。

物理性污染主要来源于复杂的多种非化学性的杂物，虽然有的污染物可能并不威胁消费者的健康，但是严重影响了食品应有的感官性状或营养价值，主要有来自食品生产、存储、运输、销售过程中混入的尘土、石头等污染物；食品的放射性污染，其主要来自放射性物质的开采、冶炼、生产、应用及意外事故造成的污染，如日本福岛核电站出现事故导致附近水域水产发生核污染。

食品污染导致的食源性疾病不可小视

任务检验

1 填空题

(1)微生物污染的主要污染物有_____、_____。

(2)常见细菌性污染按照菌属的致病性又可分为_____、_____和_____。

(3)_____是由黄曲霉和寄生曲霉产生的一类代谢产物,具有极强的毒性和致癌性。

2 选择题(多选)

(1)食品污染会造成食品(　　)的变化,改变或降低食品原有的营养价值和卫生质量,会对人体产生危害。

　　A.安全性　　　　　B.营养性　　　　　C.感官性状　　　　D.生理性

(2)食品污染可以发生在食品(　　)等各个环节的(　　)操作过程中。

　　A.生产　　B.运输　　C.储存　　D.销售　　E.规范　　F.不规范

(3)黄曲霉毒素主要污染的食品以(　　)最为严重。

　　A.花生　　　　　　B.花生油　　　　　C.玉米　　　　　　D.大豆

3 简答题　食品污染的分类有哪些?请举例说明。

任务二　食品污染的危害及其预防控制措施

任务目标

1.了解食品污染的危害。

2.掌握食品污染的预防控制措施。

3.提升规范操作的能力,增强防止食品污染的安全意识。

任务导入

送餐箱不消毒,会造成食品二次污染

外卖成了一种新的生活习惯,但在"外卖热"的背后,安全卫生隐患并不少,尤其是送外卖必不可少的送餐箱。

据上海电视台报道,外卖送餐箱消毒成了监管盲区,比如有的外卖送餐箱已经使用一年左右,从来没有进行过消毒。而在一些配餐场所,送餐箱不仅没有专门的消毒柜,甚至和拖把、抹布等容易滋生细菌的物品放在一起。

实际上,对外卖送餐箱和外卖工具进行消毒是十分必要的,而且《餐饮服务食品安全操作规范》中明确要求"外卖箱(包)应保持清洁,并定期消毒",否则食品在物流和配送过程中,会受到二次污染。餐食受到细菌微生物等污染后,会引发腹泻、肠胃炎等疾病。此外,部分一次性餐盒由于存放的食物温度过高,其中所添加的矿物质和添加剂等,和食物中的水、醋、油等相互溶解,会释放有毒物质,造成二次污染,可能会引发消化不良、局部疼痛以及腮腺系统病变等多种疾病。

 **任务实施**

一、食品污染的危害

受到污染的食品被人们食用后对健康有一定的危害性，由于食品污染的种类不同，对人体造成的危害和生理病变也有所不同。

1 生物性污染的危害 生物性污染可以使食品出现变味、变形、变色等，使食品的感官性状恶化，出现食品腐败、变质、霉烂，失去其营养价值。生物性污染还可以使食品中产生有害毒素，如细菌毒素、真菌毒素等，进入人体后侵入体细胞组织，使人感染致病甚至中毒。例如黄曲霉毒素属于肝脏毒，能抑制肝细胞 DNA、RNA 和蛋白质的合成。若一次口服中毒剂量后，可出现肝细胞坏死、胆管上皮增生、肝脂肪浸润及肝出血等急性病变，人类急性黄曲霉毒素中毒曾经在印度等地都发生过。除此之外，研究表明黄曲霉毒素可能与人的肝癌发病有关。

2 化学性污染的危害 食用含有残留农药的食品，大剂量可引起人体急性中毒。低剂量长期摄入可能会导致慢性中毒，主要表现为生长迟缓、不孕、流产、死胎等生育功能障碍，有的还可通过母体使胎儿发生畸形等。食用被某些重金属元素污染的食品对人体毒害作用也比较大。例如长期摄入镉后可引起镉中毒，主要损害肾脏、骨骼和消化系统，临床上出现蛋白尿、氨基酸尿、高钙尿和糖尿，使体内出现负钙平衡而导致骨质疏松症，还会引起高血压、动脉粥样硬化、贫血等。日本神通川流域的"骨痛病"，就是由于镉污染造成的典型病例。铅的毒性作用主要是损害神经系统、造血系统和肾脏，儿童摄入过量铅可影响其生长发育，导致智力低下。除此之外，N-亚硝基化合物、多环芳烃类、杂环胺等污染物对人体都具有致癌性。

3 物理性污染的危害 如摄入放射性物质污染的食品后，会对人体内各种组织、器官和细胞产生长期内照射效应，轻者主要表现为脱发、感染、腹泻、呕吐等症状，重者出现免疫系统、生殖系统的损伤和致癌、致畸、致突变作用。

二、食品污染的预防控制措施

食品污染可以发生在食品生产、运输、储存、销售等各个环节，但绝大多数都是因为不规范操作造成的。所以，有效控制食品污染的发生首先要做到严格操作规范。就餐饮业来说，主要应做到：

(1)加强《中华人民共和国食品安全法》及相关法律法规的普法宣传，尤其是《餐饮服务食品安全操作规范》的贯彻落实，严格规范操作，防止各种食品污染的发生。

(2)注重个人卫生，做到"四勤"，即勤洗手剪指甲、勤洗澡理发、勤洗衣服被褥、勤换工作服。

(3)食品存放要做到"四隔离"，即生与熟隔离，成品与半成品隔离，食品与杂物、药物隔离，食品与天然冰隔离。不仅要做到直接隔离，也要防止因为工具、容器等发生间接性污染，如加工刀具、容器等未实行生熟标记隔离，而导致交叉污染。

(4)注重食材的挑拣、浸泡、清洗、去皮等，减少农药在食品中的残留而造成的化学性污染。

(5)合理采用食品的加工烹调方法，尽量不用或少用食品添加剂，禁止超量和非法添加，防止化学物质对食品造成污染。

（6）严格按照国家标准来使用食品的容器和包装材料，防止出现有害化学物质溶出而污染食品。

（7）采用先进的加工和检验设备，定期清洗专用的池、槽并消毒，做好防尘、防蝇、防鼠、防虫。

（8）环境卫生清洁可采取"四定"办法，即定人、定物、定时、定质量，划片分工、包干负责、考核标准清晰。

连锁餐饮企业如何防止食品污染？

任务检验

1 填空题

（1）日本神通川流域的"骨痛病"，就是由于_____污染造成的典型病例。

（2）食品污染可以发生在食品_____、_____、_____、_____等各个环节，但绝大多数都是因为_____操作造成的。

（3）加强_____及相关法律法规的普法宣传，尤其是_____的贯彻落实，严格操作规范，防止各种食品污染的发生。

（4）注重个人卫生，做到"四勤"，即_____、_____、_____、_____。

（5）食品存放要做到"四隔离"，即_____、_____、_____、_____。不仅要做到直接隔离，也要防止因为工具、容器等发生间接性污染，如_____、_____等未实行_____隔离，而导致交叉污染。

（6）环境卫生清洁可采取"四定"办法，即_____、_____、_____、_____，划片分工、包干负责、考核标准清晰。

（7）注重食材的_____、_____、_____等，降低农药在食品中的残留而造成的化学性污染。

2 选择题（多选）

（1）生物性污染可以使食品出现（　　）等，使食品的（　　）恶化。

A. 变味　　　　　B. 变形　　　　　C. 变色　　　　　D. 感官性状

（2）食用含有残留农药的食品，大剂量可引起人体急性中毒。低剂量长期摄入可能会导致慢性中毒，主要表现为（　　）等生育功能障碍，有的还可通过母体使胎儿发生畸形等。

A. 生长迟缓　　　B. 不孕　　　　　C. 流产　　　　　D. 死胎

（3）铅的毒性作用主要是损害（　　）和肾脏，儿童摄入过量铅可影响其（　　），导致（　　）。

A. 生长发育　　　B. 智力低下　　　C. 神经系统　　　D. 造血系统

（4）下列污染物中，对人体具有致癌性的有（　　）。

A. 黄曲霉毒素　　B. N-亚硝基化合物　　　C. 多环芳烃类　　　D. 杂环胺

3 简答题　食品污染的预防控制措施有哪些？

食品腐败变质及其预防控制措施

扫码看课件

扫码听微课

项目描述

　　食品腐败变质是自然界经常发生的现象,本项目主要通过对食品腐败变质及其过程的认知,理解食品腐败变质的概念和变化实质,分析食品腐败变质的引发因素,理解并掌握预防控制食品腐败变质的措施,增强预防食品腐败变质引发食物中毒的食品安全意识和能力。

项目目标

　　1.理解食品腐败变质的概念和预防控制食品腐败变质的原理。
　　2.掌握食品腐败变质的引发因素和预防控制食品腐败变质的措施。
　　3.树立"防微杜渐"的食品安全意识。

任务一　认知食品腐败变质

 任务目标

　　1.理解食品腐败变质的概念和变化实质。
　　2.掌握食品腐败变质的引发因素。
　　3.增强预防食品腐败变质引发食物中毒的食品安全意识。

 任务导入

食品腐败变质引发食物中毒的两个案例

　　6月18日凌晨2时左右,浙江省某县卫生监督部门接到县人民医院关于"某学校发生疑似食物中毒事件"的电话报告。县卫生监督部门和疾病预防控制中心立即组织食物中毒调查小组赶赴县人民医院和学校进行个案调查、采集样品及流行病学调查和食品卫生学调查,综合病人的临床表现、流行病学调查、实验室检验结果,依照《食物中毒诊断标准及技术处理总则》,认为可能是一起由于食用腐败变质的食品引起的食物中毒。

　　同年7月某市某公司食堂中午集体就餐,发生了食物中毒,市食品卫生监督部门和疾病预防控制中心接到医院疑似食物中毒报告后,立即派人前往医院和食堂对病人及就餐场所和人员进行流行病学调查,并采样进行实验室检测,根据现场流行病学调查,临床症状与实验室的测定结果综合分

析,认定这是由于食用酸败的大豆油而引起的一起食物中毒事件。

> 启示：食品的腐败变质除了会引起食品感官性质的变化外,更严重是可能会引发食物中毒事件,危害人体健康。

一、食品腐败变质的概念

食品腐败变质是指食品在一定的环境因素影响下,由微生物作用而引起食品组成成分和感官性质的一系列变化。如畜禽肉类、水产品的腐败,油脂的酸败,水果、蔬菜的腐烂,粮食的霉变等,这些变化会导致食品食用价值的降低、丢失,甚至会引发食物中毒事件的发生。

食品腐败变质的过程,实质上主要是食品中蛋白质、脂肪、碳水化合物等营养成分的分解变化过程,其腐败变质的程度因食品的种类、环境因素以及微生物的种类和数量的不同而不同。

二、食品腐败变质的引发因素

食品的腐败变质是以自身的组成成分及其特性为基础,主要由微生物的作用结合外部环境因素而引发的,是环境因素、食品自身因素、微生物因素三者相互影响、互为条件、共同作用的结果。

❶ 环境因素　引起食品腐败变质的环境因素主要有温度、空气、湿度、日光及食品自身的伤害等。

(1)温度:微生物有嗜热微生物、嗜冷微生物和嗜温微生物三大类,不同类群的微生物都有不同的适宜生长温度。因此,不同的食品在不同的温度下,微生物的生长繁殖速度也不同。在适宜的温度下,微生物生长繁殖迅速,食品腐败变质的速度加快。

(2)空气:微生物有好氧微生物、厌氧微生物和兼性厌氧微生物,自然界中存在最多的就是好氧微生物。因此,直接暴露在空气中的食品要比密封隔绝空气的食品腐败变质得要快。空气中,除氧气外,氮气、二氧化碳、臭氧等气体对微生物的腐败变质有一定的抑制作用。

(3)湿度:湿度主要是指食品中的水分,水是微生物生存的重要条件之一,没有水,微生物就不能生存。因此,含水量较高的食品,其腐败变质的机会和速度就会大大增加。

(4)日光:日光主要对食品中的脂肪有加快分解的作用,同时由于日光的照射,会提高食品的温度和加速食品中水分的蒸发。脂肪在日光的照射下,会分解成脂肪酸、甘油及其他化合物,从而加快脂肪的酸败,产生哈喇味。

(5)其他:有些食品在加工、运输及存储过程中,由于受到了外力的伤害而使自身的形态和组织结构发生变化,也会加速食品的腐败变质。

❷ 自身因素　引起食物腐败变质的自身因素有自身酶的作用、氧化反应以及水分含量等。

(1)自身酶的作用:大多数食品在加工前都含有各种各样的生物酶以及营养物质,特别是蛋白质、脂肪、碳水化合物,在自身的各种酶的作用下,会被分解成各种小分子有机物,且在外界环境的作用下,会使食品的色、香、味、形等发生变化,加快食品的腐败变质。

(2)氧化反应:有些食品,特别是脂肪含量较高的食品,由于受到空气、水分、日光、金属离子等外界因素的影响,会产生氧化反应。脂肪吸收氧以后,到一定阶段会生成醛、醇、酮等而产生异臭味,同时,食品的色泽、黏度都会出现变化,脂肪中不饱和脂肪酸的含量越高,其氧化程度越大。

(3)水分含量:水是一切生命的源泉,食品本身水分含量高就给微生物繁殖和活动提供了更为适宜的环境,比如水产品。所以,我们一般把水分含量较高的食品划分在易腐食品行列。

3 微生物因素 引起食品腐败的主要因素是微生物作用。因食品的种类不同,引起食品腐败变质的微生物种类和数量也不同,严重的还会引起食物中毒。

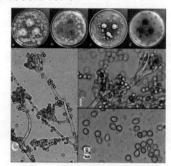

细菌主要存在于蛋白质含量高的食品中,如变形杆菌、腐败杆菌、产气芽孢杆菌等,它们能使蛋白质分解成氨基酸,继而变成腐败氨以及硫化氢、硫醇等物质,使食品腐烂变质,发出臭气味。一般来说,食物腐败所产生的臭气味,大都是由于蛋白质分解所致。霉菌和酵母菌主要存在于碳水化合物含量较高的食品中,它们能分解和破坏食品中的碳水化合物,使食品长霉、发酵、变酸,霉烂变质。

冰箱不是"食物保险柜"

部分食品腐败变质的表现和引起腐败的主要微生物

食品	腐败变质的表现	主要作用的微生物
糕点	霉变和酸败	沙门氏菌、金黄色葡萄球菌、大肠杆菌、变形杆菌、黄曲霉、毛霉、青霉、镰刀酶
糖浆	产生黏液发酵呈粉红色发霉	产气肠杆菌、酵母属、曲霉属、青霉属
新鲜果蔬	患软腐病、炭疽病、青霉病及黑霉菌腐烂	根霉菌、欧文氏杆菌属、葡萄孢属、黑曲霉、假单胞菌属
新鲜肉	变酸、变黏、产生异味、变绿色	假单胞菌属、微球菌属、乳杆菌属、明串珠菌属
家禽	变黏、产生异味	假单胞菌属、产碱菌属
浓缩橘汁	失去风味	乳杆菌属、明串珠菌属、醋杆菌属

任务检验

1 填空题

(1)食品腐败变质是指食品在一定的_____影响下,由_____作用而引起食品_____和_____的一系列变化。

(2)_____主要存在于蛋白质含量高的食品中,它们能使蛋白质分解成氨基酸,继而变成腐败氨以及硫化氢、硫醇等物质,使食品腐烂变质,发出臭气味。

(3)一般来说,食物腐败所产生的臭气味,大都是由于_____分解所致。

(4)引起食品腐败变质的主要原因是_____。

(5)_____和_____主要存在于碳水化合物含量较高的食品中,它们能分解和破坏食品中的碳水化合物,使食品长霉、发酵、变酸,霉烂变质。

2 选择题(多选)

(1)食品腐败变质的过程,实质上主要是食品中( )等营养成分的分解变化过程,其腐败变质的程度因食品的种类、环境因素以及微生物的种类和数量的不同而不同。

Note

A. 蛋白质　　　　　B. 脂肪　　　　　C. 矿物质　　　　　D. 碳水化合物

(2)引起食品腐败变质的环境因素主要有(　　)。

A. 温度　　　　　B. 空气　　　　　C. 湿度　　　　　D. 日光及食品自身的伤害

3 简答题　食品腐败变质的引发因素有哪些?

任务二　食品腐败变质的预防控制措施

任务目标

1. 理解预防控制食品腐败变质的原理。
2. 掌握预防控制食品腐败变质的措施。
3. 树立"防微杜渐"的食品安全意识。

任务导入

　　为了更好地保存食品,延长其食用期限,人们在日常生活中,常常根据食品的特性来控制食品腐败变质的各种引发因素,以期达到延长储存时间、食用时食品新鲜安全的效果。对食品腐败变质的控制,不论是采用传统的方法还是利用现代科学技术手段,其基本原理大致相同,都是通过一定的手段,控制食品储存时的温度、湿度、酸碱度、渗透压等各种外部环境和自身所含成分的变化,抑制或杀死微生物,钝化或破坏食品自身酶的活性,从而控制食品的腐烂变质,达到储存的目的。

　　下面,我们就进入今天的学习任务"食品腐败变质的预防控制措施"。

任务实施

一、控制温度

　　环境的温度对食品的影响很大,在一定的温度范围内,一般来说,温度越高,食品劣变得越快;温度越低,食品劣变的过程就越慢。控制温度主要有低温法和高温法两种方法。

1 低温法　食品在低温的条件下,能抑制微生物的生长繁殖,降低食品中酶的活性,减弱食品的新陈代谢强度,防止微生物的污染,从而延缓了食品的储存时间,保持了食品的新鲜程度。同时,低温状态下,还延缓了食品中所含的各种化学成分的变化,保证了食品的色、香、味等品质,同时也减少了食品中水分的蒸发,减少了食品的水分损耗。因此,这种方法应用普遍,方便安全,多数食品的储存均采用此方法。

　　对于不同的食品低温储存的温度也不同。根据温度不同,可分为冷藏储存和冷冻储存。冷藏储存也称为冷却储存,是将食品储存于0～4 ℃的环境中,一般适宜于蔬菜、水果、蛋、乳品的存放,鲜活的动物性食品短时间也可以。这种方法的优点是水分不会结冰,因而食品不会出现冻结现象,能较好地保持食品固有的风味品质。冷冻储存,也称为冻结储存,是将食品置于0 ℃以下的环境中,使食品中的水分部分或全部冻结成冰后而储存的一种方法。此种方法一般适宜于储存新鲜的动物性食品,优点是储存时间较长。

　　低温虽然能抑制微生物的生长繁殖和酶的活动,使组织自溶和营养素的分解变慢,但并不能杀灭微生物,也不能将酶破坏,食品的质量变化并未完全停止。因此,保藏时间应有一定的期限。例如,一般情况下,肉类在4 ℃可以存放数日,0 ℃可以存放7～10天,-10 ℃以下可以存放数月,-20

℃可以长期保存。但鱼类如需长期保存,则在-30～-25 ℃为宜。

2 高温法　食品经过加热处理后,其绝大多数微生物被杀死,细胞中的酶也会因加热而失去活性,食品自身的新陈代谢终止,从而达到储存保管的目的。根据加热温度的高低,高温法主要有高温灭菌法和巴氏消毒法。

(1)高温灭菌法:目的在于杀死原料中的微生物,如食品在115 ℃左右的温度,大约20分钟,可杀灭繁殖型和芽孢型细菌,同时可破坏酶类,获得接近无菌的食品,如罐头的高温灭菌温度常为100～120 ℃。

(2)巴氏消毒法:将食品在60～65 ℃加热30分钟,杀灭一般致病性微生物的方法。此种方法多用于啤酒、鲜奶、果汁、酱油及其他饮料,其优点是能最大限度保持食品原有的性质。

二、控制水分

控制水分主要是使食品脱水,也称干燥法或脱水法。将食品水分含量降至一定限度以下(如控制细菌水分含量为10%以下,霉菌为16%以下,酵母为20%以下),微生物则不易生长繁殖,酶的活性也受抑制,从而可以防止食品腐败变质。这是一种保藏食品较常用的方法,适用于大部分动、植物性食品。过去保鲜技术水平不高的情况下,很多的名贵食品均采用这种方法,即我们所说的干货食品。此方法的优点是脱水后的食品体积缩小,重量减轻,便于运输和储存,但要注意不要储存在潮湿的地方。

脱水可采取日晒、阴干、加热蒸发、减压蒸发或冰冻干燥等方法。日晒法简单方便,但其中的维生素几乎全部损失。冰冻干燥又称真空冷冻干燥、冷冻升华干燥,是将食物低温速冻,使水分成为固态,然后在较高的真空环境下使固态冰直接变为气态而挥发,即为冷冻干燥。此种食品可长期保存,既保持食品原有的物理、化学、生物学性质不变,又保持食品原有的感官性状,如冻干海参。

三、控制气体

控制气体主要是控制空气:一是隔绝空气,也称密封法或隔绝空气法;二是气调法,改善空气成分。

1 隔绝空气法　将食品严密封闭于一定的容器中,使其和空气、日光隔绝,防止食品被污染和氧化的储存食品的方法。此法适用于大部分动、植物性食品,如各种罐头、塑料包装等。但是储存的食品有的需要加工前高温杀菌,有的经过一段时间的封闭会改变气味。

2 气调法　通过改善食品储存环境中的气体成分而达到储存目的的一种方法,是目前较为先进的方法,主要适用于蔬菜、水果。其方法主要有机械气调库、塑料帐篷、塑料薄膜袋、硅橡胶气调袋等。

四、控制渗透压

控制渗透压主要是提高食品的渗透压,以杀死微生物或抑制微生物的生长繁殖,达到储存食品的目的。主要方法有盐腌法、糖渍法和酸渍法。

1 盐腌法　盐腌法可提高渗透压,微生物处于高渗状态的介质中,可使菌体原生质脱水收缩并与细胞膜脱离而死亡。食盐的浓度不同,储存食品的效果也不同,且不同微生物对各种食盐浓度的抵抗力也不同。一般来说,5%的食盐溶液可抑制一般腐败菌的活动;10%以上的食盐浓度可保持食品不致腐败。盐腌后食物中部分维生素、无机盐可随水分析出流失或被破坏,同时会使动物性食品肌纤维变硬,但盐腌后会产生特殊的风味,因此被广泛应用。

2 糖渍法　糖渍法是利用食糖对食品进行加工处理后储存的一种方法。此法是利用糖溶液的渗透性,使食品失去水分活度的作用来抑制微生物的生长繁殖以达到储存食品的目的。但食品还应在密封和防湿条件下保存,否则容易吸水,而降低防腐作用,主要适用于植物性食品,如甜炼乳、蜜饯、果脯等。

③ **酸渍法**　酸渍法是指将食品浸泡在醋等有机酸中加以储存的方法。此法利用食用酸来提高食品的氢离子浓度(大多数腐败菌在 pH 4.5 以下时生长发育会受到抑制不能生存),从而达到储存食品的目的,此法主要适用于植物性食品。

酸渍法有两种情况:一种是在食品中加入一定量的醋,利用醋酸来降低 pH,如醋蒜等。另一种是利用乳酸菌发酵形成乳酸来降低 pH,如泡菜等。这些方法一般还可以增加食品的风味。

五、辐射法

辐射法也称辐射储存法,是利用一定剂量的放射线、超声波等辐射食品而达到储存目的的一种方法,是一种较为先进的储存方法。此法主要是利用放射线等杀死食品中的微生物和昆虫,来抑制蔬菜、水果的发芽和成熟进程,以此达到保藏食品的目的。经过放射线等照射后食品本身的营养成分和价值不会有太大影响。

六、保鲜剂法

保鲜剂法是指在食品中加入具有保鲜作用的化学剂来延长食品储存时间的一种方法。常用的保鲜剂有防腐剂、抗氧化剂、脱氧剂等。

① **防腐剂**　食品防腐剂能抑制微生物活动,防止食品腐败变质,从而延长食品的保质期。防腐剂是用以保持食品原有品质和营养价值为目的的食品添加剂。常用的防腐剂有苯甲酸、苯甲酸钠、山梨酸、山梨酸钾、焦亚硫酸钾、丙酸钙等。

② **抗氧化剂**　食品储存过程中,还常常加入一些防止食品氧化的化学物质,这些物质能与氧作用,从而防止和减弱了空气中氧与食品中的一些物质所发生的氧化还原反应,这些物质就是抗氧化剂。常用的抗氧化剂有丁基羟基茴香醚、抗坏血酸等。

③ **脱氧剂**　脱氧剂是可吸收氧气、减缓食品氧化作用的添加剂。它可以有效地抑制霉菌和好氧性细菌的生长,延长食品的货架期,在防止油脂酸败、防止肉类的氧化褐变以及防止食品中维生素的损失等方面也可起到很好的作用。常用的脱氧剂有亚硫酸钠、碱性糖制剂、活性铁粉等。

需要注意的是食品储存中,不论添加哪一种试剂,都要有一定的剂量。实际工作中,应严格执行国家规定允许的使用剂量。

巴氏消毒法
的发明

 **任务检验**

① **填空题**

酸渍法中,一种是利用醋中的醋酸来降低 pH,如醋蒜;另一种是利用＿＿＿＿＿＿＿＿＿＿来降低 pH,如泡菜,从而达到储藏食品的目的。

② **选择题**(单选)

(1)下列措施能够有效控制食品腐败变质的是(　　)。

A.室温储藏　　　B.日晒环境　　　C.脱水干燥　　　D.清洗干净

(2)我国目前对鲜奶、果汁等食品常使用的消毒方法是(　　)。

A.巴氏消毒法　　B.脱水干燥法　　C.辐射法　　　　D.气调法

（3）一定用量内，允许在食品中添加的抗氧化剂是（　　）。

A. 高锰酸钾　　　　B. 丁基羟基茴香醚

C. 二氧化硫　　　　D. 苯甲酸钠

3 简答题

（1）食品腐败变质的控制措施有哪些？

（2）简述温度对控制食品腐败变质的意义。

4 拓展题　　通过查阅资料，了解我国对常用食品防腐剂的使用标准。

项目四

食物中毒及其预防措施

项目描述

　　预防食物中毒的发生一直是餐饮企业食品安全工作的重中之重,食物中毒事件一旦发生,企业将会面临闭店整改和承担法律责任等严重后果。厨师作为餐饮企业中预防食物中毒发生的关键岗位人员,学会预防食物中毒的各项措施尤为重要。本项目将带领我们完成食物中毒的认知及各类食物中毒预防措施的学习任务,提高我们在餐饮工作中预防食物中毒的能力,增强我们在餐饮工作中保障食品安全的职业意识。

项目目标

　　1.理解食物中毒的概念及其特点。
　　2.掌握食物中毒的分类。
　　3.了解各类食物中毒发生的风险因素及环节。
　　4.掌握各类食物中毒的预防措施。
　　5.提高预防食物中毒的能力,增强保障食品安全的职业意识。

任务一　认知食物中毒

扫码听微课

任务目标

　　1.理解食物中毒的概念并能初步判定是否为食物中毒。
　　2.了解食物中毒发生的风险因素及环节。
　　3.掌握食物中毒的共同特点并能应用。
　　4.掌握食物中毒的分类。
　　5.提高预防食物中毒的能力,增强保障食品安全的职业意识。

任务导入

食源性疾病与食物中毒的关系

　　《中华人民共和国食品安全法》提道:食源性疾病,指食品中致病因素进入人体引起的感染性、中毒性等疾病,包括食物中毒。

　　常见的食源性疾病有食物中毒、肠道传染病(如痢疾)、人畜共患传染病(如口蹄疫)、寄生虫病(如绦虫病)等。

　　由上可见,食源性疾病包括了食物中毒,而且食物中毒是常见的食源性疾病

之一。今天我们就来学习"认知食物中毒"。

 任务实施

一、食物中毒的概念

食物中毒是指食用了被有毒有害物质污染的食品或者食用了含有毒有害物质的食品后出现的急性、亚急性疾病。

食物中毒是食源性疾病中最为常见的一类。所谓"有毒有害的食品"是指健康人经口摄入可食状态和正常数量而发病的食品。因此摄取不可食状态的食品(如未成熟的水果);摄取非正常数量食品(如暴饮暴食而引起的急性胃肠炎);非经口摄入而由其他方式进入体内;食用者是特异体质对某种食品(如虾、蟹、牛乳等)发生过敏反应引起的疾病;经食物感染的肠道传染病(如痢疾、伤寒等)和寄生虫病(如旋毛虫病、囊虫病等),这些都不属于食物中毒的范畴。所以,正确理解食物中毒的概念,对于病人是否按照食物中毒急救治疗和引起发病的食品是否按有毒有害食品进行处理,对餐饮从业人员在实际工作中都有重要意义。

二、食物中毒发生的风险因素及环节

(1)食物在加工、运输、储存和销售过程中受到了病原微生物的污染,并快速繁殖出了大量的活菌,如沙门氏菌和变形杆菌等引起的食物中毒。

(2)食物受病原微生物污染后,在食物中产生了大量的毒素,如葡萄球菌、肉毒杆菌、黄曲霉等引起的食物中毒。

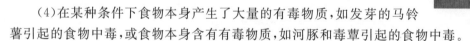

(3)在食物的生产、加工、运输、储存过程中被有毒化学物质污染,达到了中毒剂量,如农药、重金属和其他化学物质的污染引起的食物中毒。

(4)在某种条件下食物本身产生了大量的有毒物质,如发芽的马铃薯引起的食物中毒,或食物本身含有有毒物质,如河豚和毒蕈引起的食物中毒。

三、食物中毒的共同特点

❶ 有共同的致病食物 发病范围仅局限在食用了同一种食物的人群中,或是吃了在同一环境条件(同一个饭店,同一个食堂)下加工的食物的人群中。

❷ 潜伏期较短、来势急剧 发病急,并具有暴发性,很多人在短时间内(一般发生在进食后3小时之内)同时或先后相继发病。

❸ 症状相似 所有病人都有类似的临床表现,最常见的为急性肠胃炎症状,如腹痛、恶心、呕吐等。症状轻重可因摄入有毒有害食物的多少及个人体质原因等有所不同。

❹ 不直接传染 人与人之间不直接传染,这是食物中毒与消化道传染病的重大区别。

食物中毒的这些共同特点,餐饮企业应高度重视。一旦发生食物中毒,不仅对顾客的健康会造成严重损害,而且对经营者的声誉及经济效益也会造成难以挽回的损失,甚至会面临刑事处罚。

四、食物中毒的分类

食物中毒可按致病物不同分为以下五类。

1 细菌性食物中毒　常见的引起细菌性食物中毒的细菌有沙门氏菌、金黄色葡萄球菌、副溶血性弧菌、致病性大肠杆菌、肉毒梭菌、蜡样芽孢杆菌等。

有毒动植物　　细菌污染

2 化学性食物中毒　常见的引起化学性食物中毒的物质有农药、重金属、亚硝酸盐以及其他有毒化学物质。

3 真菌性食物中毒　常见的引起真菌性食物中毒的真菌有黄曲霉、节菱孢霉、镰刀菌等。

发霉食品　　化学物品

4 动物性食物中毒　常见的引起动物性食物中毒的有河豚、织纹螺、鱼胆、动物甲状腺等。

5 植物性食物中毒　常见的引起植物性食物中毒的有发芽马铃薯、鲜黄花菜、四季豆、苦杏仁等。

任务检验

1 选择题((1)为单选题,(2)为多选题)

(1)下列属于食物中毒的有(　　)。

A.暴饮暴食引起的消化不良　　　　B.长期酗酒引起的肝中毒

C.食堂豆浆未熟引起了中毒　　　　D.输液引起的中毒反应

E.吃虾引起了过敏　　　　　　　　F.痢疾

G.吃"米猪肉"得了绦虫病

(2)下列属于食物中毒发生的风险因素及环节的有(　　)。

A.食物在加工、运输、储存和销售过程中受到了病原微生物的污染

B.食物受病原微生物污染后,在食物中产生了大量的毒素

C.在食物的生产、加工、运输、储存过程中被有毒化学物质污染

D.在某种条件下食物本身产生了大量的有毒物质

2 填空题

食物中毒是指食用了被有毒有害物质污染的食品或者食用了含有毒有害物质的食品后出现的_____、_____疾病。一般发生在进食后_____之内。

3 简答题

(1)请简述食物中毒的共同特点。

(2)请举例说明食物中毒的分类。

任务二　细菌性食物中毒及其预防措施

任务目标

1.掌握预防细菌性食物中毒的基本原则和措施。

2.理解引起细菌性食物中毒的常见原因和条件。

3.理解细菌性食物中毒的概念。

了解食源性疾病

扫码听微课

Note

4.了解常见的细菌性食物中毒的种类。

5.提高预防细菌性食物中毒的能力,增强保障食品安全的职业意识。

 **任务导入**

细菌性食物中毒占比最高

从近年来由中华人民共和国国家卫生健康委员会统计公布的食物中毒数据来看,细菌性食物中毒的发生率占比最高,而且食物中毒事件的发生有着明显的季节性,顺序为第三季度＞第二季度＞第四季度＞第一季度,这个特点与细菌易于在温暖潮湿的第三季度和第二季度生长繁殖是一致的。因此,如何预防细菌性食物中毒应该是餐饮单位预防食物中毒的重点,从季度来看,第三季度和第二季度应该是食物中毒预防工作的重点时段。

今天,我们就来共同完成"细菌性食物中毒及其预防措施"的学习任务。

 **任务实施**

据我国各省市自治区食物中毒统计资料分析,细菌性食物中毒的发生率占各类食物中毒的首位,发生数量占各类食物中毒总数的50%左右,中毒人数占总中毒人数的60%左右。因此,认识细菌性食物中毒并掌握其预防措施在保障餐饮业食品安全中具有十分重要的意义。

一、细菌性食物中毒概述

1 概念 细菌性食物中毒是人们吃了含有大量活的细菌或细菌毒素的食物而引起的食物中毒,是食物中毒中最常见的一类。

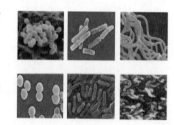

2 细菌性食物中毒发生的必备条件

(1)有细菌污染源:不洁的食品原料,食品制作人员,老鼠、苍蝇、蟑螂等害虫或不洁抹布、工具设备等都可以成为细菌污染源。

(2)细菌进入食品:加工生熟不同的两种食物使用同一块案板或其他厨房用具,两次加工期间未彻底洗净,生原料上的细菌就会进入到熟食品上;操作人员的手在接触某一细菌源(如鼻腔、排泄物、污染的餐具等)之后未洗手又去接触熟食品,细菌就会随手转移到未受污染的食品中;食品储存时不加盖、抹布一布多用等都属错误的操作方法,都会带来细菌性污染;昆虫叮爬也会带来污染。

(3)食品适合细菌生长:通常,肉、蛋、奶、鱼等动物性食品及其制品,容易滋生细菌。

(4)食品在温热条件下放置一段时间:在25～27 ℃条件下,带有活菌的食品在温热条件下放置,细菌数由1000个/克增至100万个/克只需3～5小时,不仅细菌数量会急剧增多,而且部分细菌在生长过程中还会产生细菌毒素,如葡萄球菌肠毒素,这样会大大增加食物中毒的概率。

(5)食用被细菌污染的食品:食品在放置过程中未经冷藏,使致病菌繁殖到足以引起中毒的数量,食用前又未经彻底加热,或即使加热而未能破坏细菌产生的毒素,最后就会导致食物中毒。

二、细菌性食物中毒的特点

(1)有明显的季节性,尤以夏秋季发生率最高。这是由于夏秋季节气温高、湿度大,各种微生物生长繁殖旺盛,加之人们在夏秋季节喜食生冷食物,造成细菌性食物中毒高发。

(2)动物性食品是引起细菌性食物中毒的主要中毒食品(如肉、蛋、奶、鱼类)。其中肉类及熟肉制品居首位,其次有鱼、奶等。各种细菌也因其生长、繁殖条件不同,引发中毒的食物也不同。如沙门氏菌食物中毒多发生于肉类,副溶血性弧菌食物中毒多发生于海产品,葡萄球菌肠毒素食物中毒多发生于剩饭、凉糕等植物性食品。此外,与地区不同、地域人群的饮食习惯不同也有密切关系。如,喜生食海产品的地区和人群,副溶血性弧菌食物中毒较多。

(3)抵抗力低的人群是食物中毒的多发对象,如老人、儿童和病人。

(4)一般情况下,细菌性食物中毒的病死率较低,病程短、恢复快、愈后良好,仅肉毒梭菌毒素中毒例外。

三、细菌性食物中毒的常见原因

(1)储存食品不当。如在8～60 ℃条件下存放熟制的高危易腐食品(如大米饭、豆腐等)2小时以上,或在不适当温度下长时间储存高危易腐(如牛奶、水产品等)的原料或半成品。

(2)未烧熟煮透食品,加工制作时食品的中心温度未达到70 ℃以

上。食品未烧熟煮透的原因很多,主要是:①大块食品烧煮时间过短,如大块肉、大肉丸、百叶包肉、整禽等,容易造成外熟内生;②油炸食品尤其是外表拌有面粉的食品如面拖鱼、面拖肉块等,裹面粉油炸后形成的外壳,影响了热的传导,容易造成外焦内生;③大批食品一次大锅烧煮,未充分翻动,火力不均匀,往往使中心和上层部分的食物半生半熟;④追求食品质地细嫩,如炒猪肝、白斩鸡、炒蛏子、煎荷包蛋等,炒的时间过短,没有炒熟;⑤时间紧迫,匆忙开餐;⑥烹调前未彻底解冻,烹调热量消耗在余冰上等。

(3)未充分再加热食品。经长时间储存的食品,在食用前未充分再加热至食品的中心温度达到70 ℃以上。

(4)生熟交叉污染。如熟制后的食品被生的食品原料污染,或被接触过生的食品原料的表面(如操作台、容器、手等)污染;接触熟制后食品的操作台、容器、手等被生的食品原料污染。

(5)生食品未彻底清洗、消毒,容易含有大量的致病菌。

(6)从业人员污染食品。从业人员患有消化道传染病或是消化道传染病的带菌者,或手部有化脓性或渗出性伤口,加工制作时由于手部接触等原因污染食品。

四、预防细菌性食物中毒的基本原则和措施

预防细菌性食物中毒,应按照防止食品受到病原菌污染、控制病原菌繁殖和杀灭病原菌三项基本原则,采取下列主要措施。

❶ 避免污染　主要指避免熟制后的食品受到病原菌污染。如避免熟制后的食品与生的食品原料接触;从业人员经常性清洗手部,接触直接入口食品的从业人员还应在清洗手部后进行手部消毒;保持餐饮服务场所、设施、设备、加工制作台面、容器、工具等卫生清洁;消灭鼠类、虫害等有害生物,避免其接触食品。

❷ 控制温度　采取适当的温度控制措施,杀灭食品中的病原菌或控制病原菌生长繁殖。如熟制食品时,使食品的中心温度达到70 ℃以上;储存熟制食品时,将食品的中心温度保持在60 ℃以上热藏或在8 ℃以下冷藏(或冷冻)。

③ **控制时间** 尽量缩短食品的存放时间。如当餐加工制作食品后当餐食用完;缩短食品原料、半成品或即食成品的储存时间。

④ **清洗和消毒** 如清洗所有接触食品的物品;清洗、消毒接触直接入口食品的工具、容器等物品;清洗、消毒生吃的蔬菜、水果。

⑤ **控制加工制作量** 食品加工制作量应与加工制作条件相吻合。食品加工制作量超过加工制作场所、设施、设备和从业人员的承受能力时,加工制作行为较难符合食品安全要求,易使食品受到污染,引起食物中毒。

五、常见的细菌性食物中毒

常见的细菌性食物中毒比较一览表

类别	细菌的主要来源	烹饪的杀菌作用	预防措施	特点及主要症状
沙门氏菌食物中毒	主要来源于禽类肠道。如宰杀鸡时拉断肠管可以使鸡肉携带沙门氏菌,沙门氏菌还可以通过蛋壳上的粪便污染,从蛋壳上的细缝和母鸡感染的卵巢而进入蛋内	沙门氏菌不耐热,只要把食物彻底烹煮,就可以将其杀灭	①防止污染:严禁使用病死畜禽作为烹饪原料,防止生熟交叉污染和食品从业人员带菌污染。②控制繁殖:肉类食品应置于10℃以下的低温处储存,应配备冷藏设备,并按照食品低温保藏的卫生要求储存食品。③杀灭病原体:对可能带菌的食品,在食用前使用加热灭菌法是预防沙门氏菌食物中毒的关键措施	沙门氏菌食物中毒在细菌性食物中毒中最为常见。常见症状包括恶心、头晕、出冷汗、全身无力、呕吐、腹泻、全身发热等,重者可引起痉挛、脱水、休克等。急性腹泻以黄色或黄绿色水样便为主,有恶臭
致病性大肠杆菌食物中毒	大肠杆菌属人畜粪便中的正常菌群,水受粪便污染后灌溉的蔬菜可带菌;畜禽屠宰过程中割破肠管会使肉中带菌;鸡蛋刚生下即受到污染;厨师接触生的原料后手上细菌还可能向熟食品转移	大肠杆菌菌体不耐热,通常的烹调方法就可以杀死。但其肠毒素有不耐热性肠毒素和耐热性肠毒素之分,不耐热性肠毒素对热不稳定,60℃加热30分钟即被灭活;耐热性肠毒素对热稳定,100℃加热30分钟不被破坏,仍然保持其活性,被该毒素污染的食品原料即使经烹制成熟,仍有引起食物中毒的风险	不吃生食,在致病性大肠杆菌产毒前将其消灭。而针对该菌产生的毒素引起的中毒目前尚无有效的治疗方法	产毒性或致病性的大肠杆菌可在被感染的病人的粪便中找到,由病人与食品直接接触所传播,也可经空气或水传播。一般中毒症状为典型的胃肠道症状。大肠杆菌O157:H7为肠出血性大肠杆菌,产生肠毒素,造成肠出血,有少部分可发展为肾出血。主要症状是突发性腹痛,并危及肝、肾。在小儿中常导致溶血性尿毒综合征,威胁生命

续表

类别	细菌的主要来源	烹饪的杀菌作用	预防措施	特点及主要症状
副溶血性弧菌食物中毒	副溶血性弧菌主要分布于海水及沿海淡水中。在沿海地区的夏秋季节,常因食用大量被该细菌污染的海产品引起食物中毒。在非沿海地区则常由食用带菌的腌菜、腌鱼、腌肉等腌制食品发生中毒	副溶血性弧菌不耐热,只要把食物彻底烹煮,就可以将其杀灭	①防止污染:生熟食品分开保存,防止生熟食品及其容器具的交叉污染、带菌者及手的污染。准备生食的食品绝不能用海水来冲洗。②控制细菌繁殖:海产品及其熟食品应低温储藏,最好不超过2天。因为副溶血性弧菌在10 ℃以下即不能繁殖,2～5 ℃即停止生长。③杀灭病原体:厨房烹调鱼、虾、蟹、贝类等海产品应烧熟煮透,防止外熟里生,剩菜食用前应回锅煮透	副溶血性弧菌为分布极广的一种近海嗜盐性弧菌。副溶血性弧菌引起的食物中毒,潜伏期2～48小时不等,但通常是在食用受感染的食物后10～20小时出现症状。主要症状为腹痛、腹泻、呕吐、发热、发冷、胃痉挛等。一般2～5天后痊愈
金黄色葡萄球菌肠毒素中毒	引起金黄色葡萄球菌食物中毒的食物有奶、肉、禽、蛋、鱼及其制品。经常发生的是奶油蛋糕、奶茶、荷包蛋、糯米凉糕、凉粉、高蛋白食品制作的剩菜、布丁、鸡蛋沙拉、奶酪等,以及一些冷食和稍微加热的食品。金黄色葡萄球菌是化脓性球菌之一,化脓部位常常是食物中毒病原的发生地,如皮肤(疮疖、痈、痘)、呼吸道(急性呼吸道感染)、口腔、鼻腔炎症的患部,患有乳腺炎乳牛的乳,带有化脓性感染的牲畜肉。操作人员在工作间隙不经意抓搔、掏鼻、抠耳后,未经消毒接触直接入口食品,易造成病原菌传播	用加热的方法很容易将金黄色葡萄球菌杀死,但其肠毒素比细菌体更能够抗热,能在100 ℃沸水中存活30分钟以上。因此,虽然食物中没有活细菌,但有金黄色葡萄球菌产生的毒素仍能使食物有毒。金黄色葡萄球菌与其他食物中毒病原菌相比,还能在更高浓度的含盐食品中生长	①加强对人员的管理,病人和颜面、手部化脓或患上呼吸道感染者不能作为生产经营人员,应从食品生产经营系统中暂时调离,应当禁止有皮疹、感冒、腹泻或有伤口者处理食物。②食物尽量加盖,减少空气源性污染。③食物应低温保藏、缩短存储时间,以防止肠毒素的产生	金黄色葡萄球菌本身不耐热,但它产生的肠毒素却较为稳定而不会被破坏。从摄入带有毒素的食物到发病,一般为2～4小时,主要症状为恶心,剧烈反复呕吐,上腹部剧烈疼痛,腹泻和水样便,体温一般正常。极个别人因剧烈吐泻可造成脱水而虚脱或循环衰竭。病程1～2天,愈后良好

类别	细菌的主要来源	烹饪的杀菌作用	预防措施	特点及主要症状
肉毒梭菌毒素食物中毒	肉毒梭菌为腐生菌,在适宜条件下(无氧,18～30 ℃)可以大量繁殖并产生毒素。多由植物性食品家庭式作坊自制发酵食品(如臭豆腐、豆豉、豆酱、面酱等)引起,也见于肉类和其他食品,如罐头、腊肉、熟肉等	肉毒梭菌能产生芽孢,这种芽孢能经受普通的烹煮而存活下来。但肉毒梭菌毒素并不耐热,100 ℃环境下10～20分钟可完全破坏	餐饮业不可向客人提供家庭自制的罐头食品。对肉毒梭菌毒素食物中毒最有效的预防方法还是彻底加热,用亚硝酸盐加工腌肉也有杀菌作用。应重点加强食品生产过程中的卫生监督。如果发现罐头已膨胀、有气味或内装食品腐败者,严禁食用,绝对不可有侥幸心理。稍有可疑处,要经过较长时间的煮沸才能食用	肉毒梭菌毒素是现今已知的细菌毒素中毒性最剧烈的一种。肉毒梭菌毒素食物中毒潜伏期一般为1～7天。肉毒梭菌毒素中毒时引起运动神经麻痹、脑神经麻痹,却无常见的呕吐、腹泻等症状。发病初期症状为头晕头疼口干,继而吞咽困难,咽喉肌和膈肌麻痹,丧失反应能力。严重者在3～10天内因呼吸困难及心肌麻痹而死亡。如果病人得以幸存,麻痹状态可能延续6～8个月。本病病死率高达50%
蜡样芽孢杆菌食物中毒	主要为米饭、米粉,少数为肉类和豆类食品。引起中毒的食品,除米饭有时微黏,入口不爽或稍带异味外,大多数食品感官正常,无腐败变质现象	繁殖体不耐热,100 ℃环境下20分钟即可灭活。呕吐毒素耐热,126 ℃环境下90分钟不被破坏,常在米饭类食品中形成。腹泻毒素不耐热,45 ℃环境下30分钟或56 ℃环境下5分钟均被破坏,它可在多种被污染的食品中形成	①防止污染:在食品加工、运输、储存和销售过程中避免尘埃和空气等自然污染。②控制繁殖和产生毒素:各种食品必须注意在冷藏条件下进行短时间存放。剩饭及其他熟食品在食用前必须充分加热后再吃。要保证在100 ℃环境下加热20分钟	蜡样芽孢杆菌是一种连锁状杆菌,像梭菌一样,条件不利于生长时能形成芽孢,但不同的是它是需氧菌,有氧才能生长。这类食物中毒发作很突然,而且往往又很快,但大多数情况下不会使人致死。蜡样芽孢杆菌可产生肠毒素,引起毒素性食物中毒。肠毒素又有呕吐毒素和腹泻毒素两种。症状为呕吐、腹痛,部分人可出现腹泻

了解细菌

任务检验

1 判断题

加工海产品时,必须严格区分加工用具和容器等,避免引发副溶血性弧菌食物中毒。(　　　)

2 填空题

细菌性食物中毒是人们吃了含有大量＿＿＿＿＿＿＿＿或＿＿＿＿＿＿＿＿的食物而引起的食物中毒,是食物中毒中＿＿＿＿＿＿＿＿的一类。

3 选择题((1)～(5)为单选题,(6)～(12)为多选题)

(1)细菌性食物中毒的发生,需要具备以下哪些条件?(　　　)

A.有细菌污染源　　　　　　　　B.细菌进入食品

C.食品适合细菌生长　　　　　　D.食品在温热条件下放置一段时间

E.吃下被细菌污染的食品

(2)易引起沙门氏菌食物中毒的食品是(　　　)。

A.家禽及蛋类　　　B.蔬菜及水果　　　C.水产品　　　　　D.乳及乳制品

(3)易引起副溶血性弧菌食物中毒的食品是(　　　)。

A.家禽及蛋类　　　B.蔬菜及水果　　　C.海产品　　　　　D.乳及乳制品

(4)大多数细菌能够快速生长繁殖的温度范围是(　　　)。

A.－15～0 ℃　　　B.0～9 ℃　　　　　C.8～60 ℃　　　　D.61～70 ℃

(5)以下预防细菌性食物中毒的措施中错误的是(　　　)。

A.尽量缩短食品存放时间

B.尽量当餐食用加工制作的熟食品

C.尽快使用完购进的食品原料

D.超过加工场所和设备的承受能力加工食品

(6)造成细菌性食物中毒的常见原因为(　　　)。

A.原料腐败变质　　　　　　　　B.加工过程发生生熟交叉污染

C.从业人员带菌污染食品　　　　D.食品未烧熟煮透

(7)厨房中造成交叉污染的常见因素有(　　　)。

A.生、熟食品混存混放

B.生、熟食品加工用具及盛装容器混用

C.接触直接入口食品的工具、容器使用前未消毒

D.从业人员加工熟食品后不洗手直接择菜洗菜

(8)餐饮服务提供者预防细菌性食物中毒的基本原则为(　　　)。

A.防止食品受到病原菌污染　　　B.控制病原菌繁殖

C.杀灭病原菌　　　　　　　　　D.在食品中添加抗生素

(9)防控食品受到病原菌污染的措施主要为(　　　)。

A.保持加工场所清洁卫生,防止滋生蚊蝇、蟑螂、老鼠等有害生物

B.严格清洗和消毒餐器具、加工用具及容器

C.严格执行从业人员健康管理制度,患有卫生行政部门规定的有碍食品安全疾病的人员,不得从事接触直接入口食品的工作

D.严格执行加工人员个人卫生制度

(10)下列哪项为餐饮服务提供者预防细菌性食物中毒的关键控制点?(　　　)

A.避免熟食品在加工、储存中受到各种病原菌污染

B.控制好食品的加热温度和熟食品的储存温度

C.控制好熟食品的存放时间,尽量当餐食用

D.食品的加工量与加工条件相吻合,防止超过加工场所的承受能力加工

(11)以下哪项为防止生熟交叉污染的有效措施?(　　　)

A.采用不同材质、形状、颜色、标识等方式明显区分加工生熟食品的用具、容器等

B.彻底洗净接触直接入口食品的餐器具、加工用具、容器

C.从业人员洗手消毒后加工熟食

D.在专用间或专用场所内加工直接入口食品

(12)生吃水产品存在较高的食品安全风险,加工不当可引起(　　　)。

A.细菌性食物中毒　　　　　　　B.食品口感不好

C.食源性寄生虫病　　　　　　　D.食源性肠道传染病

4 简答题

(1)请简述预防细菌性食物中毒的基本原则和措施。

（2）请简述细菌性食物中毒的特点。

（3）请简述引起细菌性食物中毒的常见原因。

5 案例题 阅读下列食物中毒案例，请提出预防意见。

（1）某食堂在端午节供应凉拌兔肉，食用者进餐后不久，陆续出现腹痛、腹泻等。中毒病人共计131人，患病率为67.9%，未食用凉拌兔肉者未发病。临床表现：病人主要表现为腹痛、腹泻、发热、头痛、恶心、呕吐。其中有5例出现明显脱水症。体温多在37.5～39 ℃之间，腹泻为黄色水样便。最短潜伏期为6小时，最长为22小时，多数为8～12小时。病人经补液、抗生素治疗后，大多于2天内康复，无一例死亡。实验室检查结果：从病人粪便及剩余凉拌兔肉中检出沙门氏菌。证实此次中毒为一起由沙门氏菌引起的食物中毒。引起此次中毒的兔肉是前一日由附近酒店买来的，酒店工作人员将煮熟的兔肉及内脏与生兔肉混放于同一容器内，说明此熟兔肉已存在污染沙门氏菌的可能。食堂购回后盛放的容器很脏，且储藏于密闭的卫生状况较差的环境中达10小时之久，致使污染的沙门氏菌大量繁殖。加之食用前未经高温处理，只用开水焯了一下。据检验，这次中毒主要是兔肉特别是兔内脏污染了大量沙门氏菌，而食用前未进行彻底高温灭菌所引起。

（2）1996年，在日本发生大规模大肠杆菌性出血性结肠炎流行，大肠杆菌O157:H7食物中毒9451人，死亡12人。这是由一所小学午餐中的白萝卜引起的，以后通过粪便引起交叉污染。许多食物都可以导致发病，如生或半生的肉、奶、汉堡包、果汁、发酵肠、酸奶、蔬菜等，由于病势迅速扩展，全世界都受到震惊。1997年韩国也有同种疾病流行。这种疾病的潜伏期为8～24小时不等。

（3）某厂职工食堂国庆前夕从沿海地区购回冻带鱼数百千克，储存于食堂保管室。当时气温达26 ℃左右。该食堂第二天午饭加餐，主要菜肴除清蒸带鱼外，还有蒸肉和两种炒肉。食用清蒸带鱼后，造成201人中毒发病，食用蒸肉和炒肉的未见发病。统计最早发病时间是下午5:00，高峰集中在晚上8:00～12:00。临床表现主要为上腹部和脐周围阵发性绞痛，严重腹泻，多为水样便，少数为血水便，最多的一日可达十次。大多有发热，体温在37.5～39.5 ℃，部分病人有恶心、呕吐，经补液、抗生素治疗痊愈，病程一般为2～4天。经调查，这次中毒发生的原因如下：①存放不当：采购回的冻带鱼直接在26 ℃左右室温中放置达20小时，致使鱼不新鲜，使细菌迅速繁殖，短时间内可达到致病数量。②加工不当：在烹调过程中未能蒸熟蒸透，每盒重约4千克的带鱼，仅产生蒸汽后就立即取出；此加温过程未能杀死带鱼肌肉组织中存在的病原菌，尤其是盆中间的带鱼块。③生熟不分：将盛装生鱼的大搪瓷盆未清洗消毒又用来盛放蒸过的熟鱼，造成二次污染，导致发生食物中毒。现场采集剩余清蒸带鱼及粪便标本，经细菌学检验，证实为一起副溶血性弧菌食物中毒。

（4）在一所小学的小卖部里，多数日子牛奶蛋糊和布丁一起供应。由于牛奶蛋糊很容易制作，一个新工作人员被派去做这一项工作。他上午8:00开始工作，一天早晨，在他没有别的急事要做时，就开始做蛋糊。到8:30，他放下蛋糊让它冷却，又接着去做另一件工作，后来他突然忘记他在蛋糊里是否加了糖，于是就用没有洗涤的同一把匙子取了一点尝了尝，结果他觉得很满意，糖已加够了。然后他将蛋糊拿出厨房，中午12:15重新加热，于12:30作午餐供应。当天下午就有几个孩子感到恶心，并有剧烈的腹痛和腹泻。到下午5:30所有吃过蛋糊的孩子都病了，疾病确诊为致病性金黄色葡萄球菌食物中毒。分析事故的原因表明，已经在嘴里放过的匙子未经洗净绝不能再去接触食物，否则金黄色葡萄球菌由嘴、匙子传播到食物上。只要食物在较高温度下放置一段时间，细菌就会生长、繁殖，并产生毒素。如果食物仅稍微热一下，毒素不会被消灭，吃了就会发生食物中毒。

（5）某年春节前夕，有一户农民，因食用家庭自制豆豉佐餐，2天后全家人均出现头晕、头痛、全身乏力、食欲不振。以后出现视物模糊、复视、眼球震颤等中毒症状。其中一青年人因食入量多，发病最快，症状也最严重，还出现了吞咽困难、上肢无力和运动失调等。据调查，该户农民食此豆豉时，仅在饭锅上蒸片刻后,便将煮好的大白菜与此豆豉拌在一起食用。病人经及时抢救治疗,于 2 周内先后痊愈。实验室检查:中毒发生后,立即采集剩余豆豉和病人粪便等标本进行检验,结果证实此次发病为肉毒梭菌毒素中毒。事故原因分析:①黄豆蒸煮后,在自然环境中放凉,在存放的容器和环境中,有可能遭受肉毒梭菌污染。②黄豆经蒸熟,加盖发酵后装罐密封,放入阴暗的保管室内使其自然发酵,给污染的肉毒梭菌提供了适合的基质(豆制品)和缺氧的环境,使其大量生长繁殖并产生毒素。③该污染豆豉,食用前未经彻底加热,致使其中形成的大量毒素未被破坏,结果造成进餐者发生肉毒梭菌毒素中毒。

(6)某学校食堂将隔夜的剩饭约 15 千克,倒入刚蒸熟的大米饭(约 20 千克)中,将其混匀后,即售给学生作午餐。有 70 位学生吃过此混合饭。吃后 0.5～2 小时,有 8 人先后出现恶心、呕吐、四肢无力、腹痛,部分出现腹泻,发病者体温都不高。经医院及时救治,中毒者都痊愈出院。经检测诊断为蜡样芽孢杆菌食物中毒。中毒原因分析:①米饭易污染蜡样芽孢杆菌,而该食堂卫生条件较差,给细菌污染提供了有利条件;②当时正值夏季,气温较高,近 30 ℃,剩饭并未充分加热处理,仅与刚蒸熟的大米饭混合,这不仅起不了杀灭细菌的作用,反而使污染的细菌大量繁殖产毒,造成食物中毒事故。

任务三 化学性食物中毒及其预防措施

 **任务目标**

1.掌握预防常见化学性食物中毒的措施。
2.理解引起化学性食物中毒的常见原因。
3.理解化学性食物中毒的概念。
4.了解常见的化学性食物中毒的种类。
5.提高预防化学性食物中毒的能力,增强保障食品安全的职业意识。

 **任务导入**

剧毒鼠药和亚硝酸盐是化学性食物中毒的常见致病因素

从近年来由中华人民共和国国家卫生健康委员会统计公布的食物中毒数据来看,剧毒鼠药和亚硝酸盐是化学性食物中毒的常见致病因素,而且化学性食物中毒的死亡率较高。此外,农药也成了越来越严重的致病因素之一。

化学性食物中毒的死亡率较高,因此,一旦发生在餐饮单位,造成的损失也是巨大的,所以,如何做好化学性食物中毒的预防是餐饮单位食品安全工作的重点之一。

今天,我们就来共同完成"化学性食物中毒及其预防措施"的学习任务。

 **任务实施**

一、化学性食物中毒概述

❶ 概念 化学性食物中毒是指食入被化学性毒物污染的食品而引起的食物中毒。

❷ 常见原因

(1)在种植或养殖过程中,食用农产品受到化学性物质污染,或在食用前,食用农产品中的农药或兽药残留剂量较多。

（2）在运输、储存、加工制作过程中，食品受到化学性物质污染。如使用盛放过有机磷农药的容器盛放食品，导致食品受到有机磷农药污染。

（3）误将化学性物质作为食品、食品添加剂食用、饮用或使用。如误将甲醇燃料作为白酒饮用，误将亚硝酸盐作为食盐使用。

（4）食品中的营养素发生化学变化，产生有毒有害物质。如食用油脂酸败后，产生酸、醛、酮类及各种氧化物等。

（5）在食品中添加非食用物质，或超剂量使用食品添加剂。

❸ 预防常见化学性食物中毒的措施

（1）农药引起的食物中毒。使用流水反复涮洗蔬菜（油菜等叶菜类蔬菜应掰开后逐片涮洗），次数不少于 3 次，且先洗后切。接触农药的容器、工具等做到物品专用，有醒目的区分标识，避免与接触食品的容器、工具等混用。

（2）亚硝酸盐引起的食物中毒。禁止采购、储存、使用亚硝酸盐（包括亚硝酸钠、亚硝酸钾），避免误作食盐使用。

（3）规范使用食品添加剂。禁止乱用、滥用食品添加剂，或者将非食品用添加剂用于食品生产加工。企业应对食品添加剂实行专人保管。

二、常见的化学性食物中毒

❶ 亚硝酸盐中毒　　亚硝酸盐中毒一般是因食入含有大量硝酸盐和亚硝酸盐的食物，或误将亚硝酸盐当作食盐食用而引起的急性食物中毒。

（1）食物中亚硝酸盐的来源：与植物生长的土壤有关，大量施用硝酸盐类肥料的土壤，蔬菜中亚硝酸盐含量增高；蔬菜储存过久或发生腐烂则亚硝酸盐含量升高；煮熟的蔬菜放置太久，原含有的硝酸盐会在细菌的作用下还原为亚硝酸盐；腌制蔬菜在 7～15 天亚硝酸盐含量较高；肉制品过量加入作为发色剂的硝酸盐或亚硝酸及用苦井水煮食物，或用硝酸盐当食盐等因素下，食物中亚硝酸盐含量大大增加，可引起中毒。对于胃肠功能紊乱者，过量摄入含硝酸盐多的蔬菜时，也会导致中毒的发生。较严重亚硝酸盐中毒事件的主要原因是误食和添加过量。例如，在一些腌卤食品中，为了发色和防腐添加过量的亚硝酸钾，会导致此中毒发生。长时间加热或反复利用的火锅中也存在亚硝酸盐食物中毒的可能，甚至有些非法食品加工作坊，利用硝酸盐和亚硝酸盐来给腐败肉类上色。

（2）中毒特点：组织缺氧，出现青紫症状，严重者因呼吸麻痹而死亡。另外，大量硝酸盐和亚硝酸盐进入食品，还会增加亚硝胺的慢性中毒和致癌的可能。

（3）预防措施：

①不要在短时期内集中吃大量叶菜类蔬菜，如菠菜、小白菜等。在一个时期内吃大量蔬菜时，可先将蔬菜在开水中焯 5 分钟，弃汤后再烹调食用。

②应妥善储存蔬菜，防止腐烂，保持蔬菜新鲜，切勿过久存放蔬菜，不吃腐烂的蔬菜。

③不用苦井水煮饭和做菜。

④饭菜要现做现吃，不吃存放过久的熟菜。

⑤腌菜要腌透，腌 20 天以上再吃。但现腌的菜，最好马上就吃，不能存放过久。腌菜时要选用新鲜菜。

⑥搞好厨房卫生，特别是锅和容器必须洗刷干净，不饮用过夜的温锅水，也不用过夜的温锅水做饭。

⑦严格控制肉制品中食品添加剂的使用，控制其他引起食物中亚硝酸盐含量增加的因素，避免

餐饮单位禁止使用亚硝酸盐

误食。

⑧婴幼儿食品中不应含有使硝酸盐还原为亚硝酸盐的枯草杆菌等。

❷ 农药中毒 农药种类较多,广泛应用于农牧业,用于防治病虫害,去除杂草,调节农作物生长。

(1)中毒原因:有机磷农药大多为油状液体,对人和动物有较高的毒性。有机磷农药中毒主要是由于其污染食物引起的。有些人群不注意区分盛装食物的器皿是否装过农药,就用其盛装酱油、醋、酒、食用油等,更有甚者把农药与食品混放,造成污染,也有运输工具污染后再装载食品引起污染。近年来农药中毒的事件发生多是由于农民在种植蔬菜、水果时过度喷洒农药,更有甚者使用国家禁用于蔬菜的高毒农药在蔬菜成熟期喷洒,从而引发中毒。

(2)中毒特点:有机磷农药一般通过人的口或皮肤等途径进入人体引发中毒。经口中毒时,潜伏期大多在半小时内,短的十多分钟,长的可达两小时。中毒的轻重与摄入量有关,中毒严重的死亡率较高。

(3)预防措施:农药中毒的预防重在强调农药对人体的危害性,并且要专人保管,不能与食物混放。严禁用盛装过农药的器皿盛装食物。在喷洒农药时要严格执行国家农药安全使用标准。喷洒过农药的蔬菜、水果等食品要经过规定的安全时间间隔后方可上市。蔬菜、水果食用前要洗净,用清水浸泡后再烹制或食用。厨师更要积极了解并掌握农药使用的季节性及厨房控制措施。

清洗水果和蔬菜上农药残留的常用方法如下。

①清水浸泡洗涤法。主要用于水果及叶菜类蔬菜,如菠菜、生菜、小白菜等。一般先用清水冲洗掉表面污物,剔除可见有污渍的部分,然后用清水盖过水果、蔬菜部分 5 厘米左右,流动水浸泡应不少于 30 分钟。必要时可加入水果蔬菜洗涤剂之类的清洗剂,增加农药的溶出。如此清洗浸泡 2~3 次,基本上可清除绝大部分残留的农药成分。

②碱水浸泡清洗法。大多数有机磷农药在碱性环境下,可迅速分解。一般在 500 毫升清水中加入食用碱 5~10 克配制成碱水,将初步冲洗后的水果、蔬菜置于碱水中,根据菜量配足碱水,浸泡 5~15 分钟后用清水清洗,重复洗涤 3 次左右效果更好。

③加热烹饪法。常用于芹菜、圆白菜、青椒、豆角等。由于氨基甲酸酯类杀虫剂会随着温度升高而加快分解,一般将清洗后的水果蔬菜放置于沸水中 2~5 分钟后立即捞出,然后用清水清洗 1~2 遍后,即可置于锅中烹饪成菜肴。

④清洗去皮法。对于带皮的水果、蔬菜,可以用锐器削去皮层,食用肉质部分,这样既可口又安全。

⑤储存保管法。某些农药在存放过程中会随着时间推移缓慢地分解为对人体无害的物质。所以有条件时,应将某些适合于储存保管的果品购回存放一段时间(10~15 天),食用前再清洗并去皮,效果会更好。

❸ 甲醇中毒

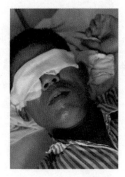

(1)中毒原因:引起甲醇中毒的主要原因是用甲醇兑制或用工业酒精兑制造假的白酒、黄酒等酒类,也可能因酿酒原料或工艺不当致蒸馏酒中甲醇超标,饮用后引起中毒。我国近年连续多次发生较重大的假酒中毒事件。

(2)中毒特点:甲醇是无色、透明的液体,可与水、乙醇任意混合,是一种剧毒的化工原料和有机溶剂。甲醇经消化道很容易被吸收,是强烈的神经和血管毒物,对肝、肾,特别是眼球有选择性损害作用,误饮 40%甲醇 5 毫升可致严重中毒,10 毫升可致失明,30 毫升即可致命。

（3）预防措施：甲醇中毒的预防关键在于加强对白酒生产的监督、监测，未经检验合格的酒类不得销售。

 任务检验

1 判断题 餐饮服务提供者可以将醇基燃料作为酒水提供给消费者饮用。（　　）

2 多选题 餐饮服务环节发生化学性食物中毒的常见原因为（　　）。

A.食用了毒蕈、野生河豚、发芽土豆　　　　B.食用了含禁用农药的蔬菜

C.食用了未烧熟煮透的豆浆、四季豆　　　　D.误将亚硝酸盐当作食盐

3 简答题 预防常见化学性食物中毒的措施有哪些？

4 案例题 阅读下列食物中毒案例，请提出预防意见。

（1）2018年1月22日，某幼儿园出现食物中毒事件。经调查，1月20日该幼儿园负责人白某用自行购买的亚硝酸盐（当地村民过年传统方法烹烧猪肉常用的材料，民间俗称火硝）在幼儿园食堂加工春节自用肉食后，将剩余的亚硝酸盐留在幼儿园食堂厨房。因亚硝酸盐与食盐外观相似，22日中午，该园炊事员徐某在烹制大锅菜过程中，误将亚硝酸盐当作食盐放入炖菜中，导致食物中毒事件发生。

（2）某日在某村卫生所，接二连三地来了几拨病人，都出现了头晕、呕吐、出汗等类似的症状。该卫生所立即向上级汇报有关情况，随后，镇、县的医务人员及卫生防疫人员纷纷赶到。截至当晚10时，共有12人，包括2名13岁少年被陆续送往县医院急救，被确诊为食物中毒，经治疗病情已基本上得到控制。据镇卫生院副院长介绍，前日下午3时，发现有10多个村民，在午饭吃过空心菜后，都出现疑似食物中毒症状，决定马上将病人收入县医院救治。县卫生防疫部门负责人介绍说，接到12名村民中毒报告后，他们就赶赴现场进行调查取样，根据化验的结果和病人的症状，他们初步判断这是一起由有机磷农药引起的食物中毒事件。记者还从县边防派出所了解到，该所已传唤出售空心菜的一对夫妇，经初步审查获悉，这对夫妇5天前用稀释过的甲胺磷农药，对空心菜进行杀虫。县卫生行政管理部门负责人介绍说，甲胺磷农药属于有机磷农药，不能直接用于喷施蔬菜，其余喷施过农药的蔬菜，一般须经过15至20天后，方可上市。

（3）傅某帮侄儿照看农家乐。8月2日晚上，和两个朋友一起喝酒，酒兴正酣，无奈酒坛已空，傅某从农家乐吧台下找出一大壶酒，接着喝。当晚，傅某喝醉了。第二天中午，他仍感觉头昏、腿无力，甚至剧烈呕吐。到当天下午，他的眼睛也看不清了，眼前白茫茫一片，身子软得像一摊泥。家里人赶紧带着傅某赶往县人民医院，医生诊断为甲醇中毒。怎么会中毒呢？经询问，原来吧台下那壶是作燃料的酒精，里面含有甲醇。

任务四　真菌性食物中毒及其预防措施

 任务目标

1.掌握预防常见真菌性食物中毒的措施。

2.理解引起真菌性食物中毒的常见原因。

3.理解真菌性食物中毒的概念。

4.了解常见的真菌性食物中毒的种类。

5.提高预防真菌性食物中毒的能力，增强保障食品安全的职业意识。

任务导入

食物发霉后把表面发霉的部分去掉还能吃吗?

一些生活节俭的人,在遇到食物发霉的时候,经常把发霉的部分去掉,剩下的继续吃,尤其是面包、米饭、水果和肉类等。这样做,能避免霉菌的危害吗?

答案是不能! 我们看到的"发霉部分",其实是霉菌菌丝完全发展成型的部分。在其附近,已经有许多肉眼看不见的霉菌存在。此外,霉菌产生的细胞毒素会在食物里扩散——扩散的范围与食物的质地、含水量、霉变的严重程度有关,因为你很难准确估计扩散范围有多大,所以最安全可靠的选择就是把它扔掉。

有些餐饮企业会使用甘蔗来榨果汁售卖,如果夹入了霉变的甘蔗,中毒后果将十分严重。因此,预防真菌性食物中毒也是餐饮企业食品安全工作的重点之一。

今天,我们就来共同完成"真菌性食物中毒及其预防措施"的学习任务。

任务实施

一、真菌性食物中毒概述

①　概念　真菌性食物中毒是指因食用了被真菌或真菌毒素污染的食品而发生的食物中毒。

②　常见原因　食品储存不当,受到真菌污染,在适宜的条件下污染的真菌生长繁殖,产生毒素。如霉变的谷物、甘蔗等含有大量真菌毒素。

③　常见引起中毒的食品　主要是富含糖类、水分,适宜霉菌生长及产毒的粮谷类、甘蔗等食品。引起中毒的有些食品,如花生、玉米、大米、面点等从外观上可看出已经发霉,而面粉、玉米粉等则看不出来,即使食品上的霉斑、霉点被擦除,但毒素还存在于食品中,也可能引起食物中毒。

④　预防常见真菌性食物中毒的措施　真菌毒素污染食物对人类的危害是极大的,在餐饮业中,最重要的是学会鉴别食品卫生质量,不使用霉变原料,不食用真菌毒素污染的食物。

(1)严把采购关,防止霉变食品入库。

(2)控制存放库房的温度、湿度,尽量缩短储存时间,定期通风,防止食品在储存过程中霉变。

(3)定期检查食品,及时清除霉变食品。

(4)加工制作前,认真检查食品的感官性状,不得加工制作霉变食品。

二、常见的真菌性食物中毒

我国曾发生过的典型真菌毒素中毒有霉变甘蔗中毒、黄曲霉毒素中毒、赤霉病麦中毒等。

①　霉变甘蔗中毒　甘蔗可以作为现榨果汁的原料,但如发生霉变,则有导致中毒甚至死亡的风险。

(1)中毒原因:甘蔗发生霉变主要是由于甘蔗在不良的条件下长期储存,如过冬,导致微生物大量繁殖所致。霉变甘蔗质地较软,瓤部的颜色比正常甘蔗深,一般呈浅棕色,闻之有酸馊味或霉味,这时会含有大量的节菱孢霉菌及其毒素 3-硝基丙酸,后者对神经系统和消化系统有较大的损害。

(2)中毒特点:①多发生在 2~4 月。潜伏期短者 10 分钟,长者十几个小时。重症病人多为儿童,严重者 1~3 日内死亡,幸存者常留有终身残疾的后遗症。②临床表现主要有呕吐、头昏、视力障碍,眼球偏侧凝视,阵发性抽搐,抽搐时四肢强直、屈曲、内旋,手呈鸡爪状,昏迷。③从中毒样品中可分离出节菱孢霉菌并可测定到 3-硝基丙酸。

（3）预防措施：不买、不吃霉变甘蔗，不用霉变甘蔗加工现榨果汁。为了防止甘蔗霉变，甘蔗储存的时间不能太长，同时注意防冻、防捂，并定期进行感官检查。

发生中毒后应尽快洗胃、灌肠，以排除毒物，并对症治疗。目前尚无特效疗法。

❷ 黄曲霉毒素中毒　在我国一些地区，黄曲霉毒素污染较严重。结合我国目前食品真菌毒素污染的实际情况，应采取防霉去毒及食品中真菌毒素含量监测等综合性措施。

（1）黄曲霉毒素：黄曲霉毒素是由黄曲霉和寄生曲霉产生的一类代谢产物，具有极强的毒性和致癌性。黄曲霉毒素耐热，一般在烹调加工的温度下很少被破坏。在 280 ℃时，发生裂解，其毒性可被破坏。紫外线对黄曲霉毒素有低度破坏性。

黄曲霉毒素主要作用于肝脏，病人出现中毒性肝炎，中毒症状为食欲差、呕吐、发热，接着出现黄疸、腹水、下肢水肿，甚至死亡。黄曲霉毒素持续摄入所造成的慢性毒性，主要表现是生长障碍，肝脏出现亚急性或慢性损伤及致癌作用。我国及部分亚非国家的肝癌流行病学调查资料显示，凡肝癌发病率高的地区，人类食物中黄曲霉毒素污染也较严重，实际摄入量也较多。

（2）中毒食品：黄曲霉毒素主要污染粮食和油料作物，例如玉米、花生等。大豆中产毒量较低，原因之一是大豆受黄曲霉侵染后能激发产生大豆保卫素，抑制毒素的形成。

我国长江沿岸以及南方高温、高湿地区的粮油及其制品黄曲霉毒素污染严重。据调查，玉米、花生污染率分别可达 47.2% 和 41.7%，最高含量可达 1000 μg/kg 以上。食用油中花生油的污染较多，个别样品最高含量达 1000 μg/kg 以上。而华北、东北和西北地区食品受污染较少。

（3）预防措施：

①去毒。黄曲霉毒素具有耐热性，我国常使用以下去毒方法。

挑除霉粒：除去小颗粒（皱缩的和极硬的颗粒），去除不易剥开的和褪色的果实，手工拣除变色的果实或用电子设备挑拣等，是去除污染的有效办法。

碾轧加工：大米中毒素常集中于表层。含毒糙米经碾轧加工，可降低黄曲霉毒素含量，精度高则去毒效果好。

脱胚去毒：将玉米研磨成 3～4 mm 碎粒，加清水浸泡，每天换水 3～4 次，连续浸泡 3 天，有较好的去毒效果。

加水搓洗：洗淘大米时用手搓洗，随水倾去悬浮物，反复 5～6 次，可除去部分毒素。

烘烤加热：在食品加工过程中，一些黄曲霉毒素会受到降解，如有报道花生在烘烤过程中，有近 50% 的黄曲霉毒素发生了改变，以至于再也检测不出黄曲霉毒素。炒花生能部分去除，但不能完全去除黄曲霉毒素。

加碱去毒：对玉米通过加碱制作成玉米薄饼等食品可有效地减少受污染玉米的黄曲霉毒素的浓度。这种食品制作方法是世界一些地区（如拉丁美洲的一些国家）常用的方法。一些黄曲霉毒素很可能在碱水浸泡过程中被浸出，另一些则无疑受碱的化学作用而起变化。但如加工严重污染的玉米，这种过程仍不足以保证食品的安全性。

精深加工：油料果实经榨油后，大部分的黄曲霉毒素在油料的残渣中。在粗制植物油中剩下的少量黄曲霉毒素在用作肥皂原料时除去，肥皂原料是碱性提炼步骤的副产品。其余的微量黄曲霉毒素在脱色提炼步骤中去除，进而得到不含黄曲霉毒素的精制油。通常用花生制作花生酱和用坚果生产果仁糖果均可明显减少黄曲霉毒素的污染。尚有其他一些化学方法，如用氨或过氧化氢处理粮食或饲料以及花生蛋白提取物(食品添加剂的一种)的方法,以及采取物理方法去除污染与化学方法去毒相结合的方法。

②防止污染。花生、玉米收割后应迅速干燥,尽可能避免昆虫性损害(因为昆虫会带入霉菌孢子造成早期污染),隔离受污染与未受污染的食品,以及加强毒素的监测。

我国制订了食品中黄曲霉毒素的限量标准,如玉米、花生仁、花生油、玉米及花生仁制品(按原料折算)黄曲霉毒素含量≤20 μg/kg;大米及其他食用油黄曲霉毒素含量≤10 μg/kg;其他粮食、豆类、发酵食品≤5 μg/kg。

③ 赤霉病麦与霉变玉米中毒　我国很早就知道赤霉病麦可引起人畜中毒。1960 年以后,全国特别是长江流域各省均有赤霉病麦和赤霉病玉米中毒报告,中毒的发生往往与麦谷类赤霉病的流行有关。

(1)中毒特点:麦类、玉米等谷物被镰刀菌侵染引起的赤霉病是一种世界性病害,它的流行除了造成严重的减产外,还会引起食物中毒。

从赤霉病麦中分离到的主要菌种是禾谷镰刀菌(无性繁殖期的名称,有性繁殖期的名称叫玉米赤霉),赤霉病麦中的主要毒素是单端孢霉烯族化合物中的脱氧雪腐镰刀菌烯醇、雪腐镰刀菌烯醇和玉米赤霉烯酮,这些毒素对热稳定,一般的烹调方法不能将它们破坏而去毒。

单端孢霉烯族化合物的主要毒性作用为细胞毒性、免疫抑制和致畸作用,可能有弱致癌性。其中脱氧雪腐镰刀菌烯醇中毒时,主要引起呕吐,故也称呕吐毒素。猪和牛等家畜摄食被玉米赤霉烯酮污染的谷物或饲料引起动物雌性激素综合征,主要表现为阴道和乳腺肿胀、子宫肿大和外翻,严重情况下发生子宫脱垂等。

赤霉病多发生于多雨、气候潮湿地区,在全国各地均有发生,以淮河和长江中下游一带最为严重。

(2)预防措施:①去除或减少粮食中的病粒、毒素。②加强生产和储藏期的防霉工作,包括选用抗霉品种、使用杀真菌剂和及时脱粒晾晒降低水分、勤翻晒及通风等。③制订粮食中毒素的限量标准,加强粮食的卫生管理。

了解真菌

🥚 任务检验

① 填空题

(1)霉变甘蔗含有大量的_____及其毒素_____,后者对神经系统和消化系统有较大的损害。

(2)黄曲霉毒素主要污染_____和_____作物,例如玉米、花生等。

② 选择题　最易污染黄曲霉并产生黄曲霉毒素的食品是(　　　)。

A.家禽及蛋类　　　B.蔬菜及水果

C.水产品　　　D.花生、玉米

③ 简答题　预防常见真菌性食物中毒的措施有哪些?

④ 案例题　阅读下列食物中毒案例,请提出预防意见。

(1)事件:前几天一位网友的母亲在吃完一根红心甘蔗后,陷入了昏迷状态。提醒:这样的甘蔗千万别吃!甘蔗以其汁多味甜的口感,以及既能解渴,又能解馋,还能补血的功效而倍受青睐,空闲的时候,拿根甘蔗在嘴里啃啃,那感觉是极好的。然而,谁能想到这个有着"纤瘦外表""甜美内心"的草本植物这几天却闹出了个大新闻——有人吃甘蔗吃进医院去了!

(2)印度西部的许多村庄暴发了因食用严重污染黄曲霉毒素的玉米引起的中毒性肝炎,共有 397

Note

人中毒,106 人死亡,病死率高达 26.7%。主要症状为发热、呕吐、食欲不振、黄疸,严重者出现腹水、下肢水肿、肝大、脾大。病人往往突然发生死亡。尸体解剖病理检查可见肝胆管增生。7 例病人中有 2 例查出血中有黄曲霉毒素 B_1。病人食用的玉米中检出黄曲霉毒素 B_1 的含量为 $6.25\sim15.6$ mg/kg,平均含量为 6.0 mg/kg。

任务五 动物性食物中毒及其预防措施

 **任务目标**

1.掌握预防常见动物性食物中毒的措施。
2.理解引起动物性食物中毒的常见原因。
3.理解动物性食物中毒的概念。
4.了解常见的动物性食物中毒的种类。
5.提高预防动物性食物中毒的能力,增强保障食品安全的职业意识。

 **任务导入**

家庭是引起动物性食物中毒的主要场所

从近年来由中华人民共和国国家卫生健康委员会统计公布的食物中毒数据来看,家庭是引起动物性食物中毒的主要场所,而且死亡率较高。究其原因,大多数情况为因不能很好地辨认有毒动物,误食导致食物中毒,也有少部分人是心存侥幸,结果不能很好地烹调加工导致中毒,甚至死亡。如烹调加工野生河豚处理不当,食用后中毒死亡。因此,学习预防动物性食物中毒对于保障食品安全和生命安全十分重要。

今天,我们就来共同完成"动物性食物中毒及其预防措施"的学习任务。

任务实施

一、动物性食物中毒概述

1 概念 动物性食物中毒是指某些动物性食物体内含有有毒的天然成分,由于它们的外观形态与无毒的品种相似,容易混淆而误食,或是因为食用方法、储存方法不当而引起的食物中毒。

2 常见原因

(1)食用天然含有有毒成分的动物或动物组织。如食用野生河豚或未经农产品加工企业加工的河豚,织纹螺、鱼胆、动物甲状腺。

(2)在一定条件下,可食的动物性食物产生了大量有毒成分。如组氨酸含量较高的鲐鱼等鱼类在不新鲜或发生腐败时,产生大量组胺。

3 预防常见动物性食物中毒的措施

(1)河豚引起的食物中毒。禁止采购、加工制作所有品种的野生河豚和未经农产品加工企业加工的河豚。

(2)鲐鱼引起的食物中毒。采购新鲜的鲐鱼;在冷冻(藏)条件下储存鲐鱼,并缩短储存时间;加工制作前,检查鲐鱼的感官性状,不得加工制作腐败变质的鲐鱼。

二、常见的动物性食物中毒

1 河豚中毒 河豚又名鲀,是一种海洋鱼类,河豚口小头圆,背部黑褐色,腹部白色,大的长达

38

1 m,重 10 kg 左右,眼睛平时是蓝绿色,还可以随着光线的变化自动变色,是一种味道鲜美但含有剧毒物质的鱼类。我国约有 40 种,其中常引起人中毒的主要有星点东方鲀、豹纹东方鲀等。

河豚中毒是世界上最严重的动物性食物中毒。河豚所含的有毒成分为河豚毒素(河豚毒素是小分子化合物,其理化性质稳定,煮沸、盐腌、日晒均不被破坏,在 100 ℃加热 7 小时,200 ℃以上加热 10 分钟才被破坏,是毒性极强的非蛋白质类毒素)。河豚的肝、脾、肾、卵巢和卵、皮肤及血液都含有毒素,一般以卵巢最毒,肝脏次之。一般河豚的肌肉无毒,但鱼死后毒素渗入肌肉也能使其含有毒素。春季为雌鱼的卵巢发育期,是河豚的产卵季节,因此春季是河豚中毒的高发期。世界各国均有人因河豚肉质鲜美而"拼死吃河豚",所以每年都有多起河豚中毒而死亡的悲剧发生,多发生在日本、东南亚及我国沿海、长江下游一带。

河豚毒素是一种很强的非蛋白质、高活性的神经毒素,主要作用于神经系统,阻断神经肌肉的传导,可引起呼吸中枢和血管运动中枢麻痹而死亡。0.5 mg 河豚毒素就可以毒死一个体重 70 kg 的人。河豚中毒的特点是发病急速而剧烈,致死时间最快可在发病后 10 分钟,潜伏期 10 分钟至 3 小时。早期有手指、舌、唇刺痛感,然后出现恶心、呕吐、腹痛、腹泻等胃肠症状及四肢无力、发冷、口唇和肢端知觉麻痹。重症病人瞳孔与角膜反射消失,四肢肌肉麻痹,甚至发展到全身麻痹、瘫痪。病人呼吸表浅而不规则,严重者呼吸困难、血压下降、昏迷,最后死于呼吸衰竭。目前对此尚无特效解毒剂,对病人应尽快给予排出毒物和对症处理。造成中毒的主要原因是不会识别而误食,也有少数人因喜食河豚,但未将毒素去除干净而引起。中毒后多在 4～6 小时死亡,病死率一般为 20%,严重时可达到 40%～60%。一般的加热烹调或加工方法都很难将毒素清除干净。

②**肉毒鱼类中毒**　肉毒鱼类指其肌肉或内脏含有毒素的鱼类。此类中毒早在 16 世纪已有报道。肉毒鱼类在太平洋、印度洋、大西洋热带和亚热带海域分布广泛,种类很多。据初步统计,属于肉毒鱼类的有 300 余种,在我国主要分布在广东和海南沿海,也有少数种类分布在东海南部和台湾,有 20 多种,如黄边裸胸鳝、斑点裸胸鳝、大姆、斑点九棘鲈、棕点石斑鱼、单列齿鲷等。

肉毒鱼类的外表和一般食用鱼类无多大差别,因此区别难度很大,容易造成误食中毒。吃了肉毒鱼类,一般在进食后 1～6 小时出现症状,首先是口唇、舌、咽喉部产生刺痛感,继之出现麻痹。严重中毒者,肢体感觉异常,出现冷热倒错(冷感为烧灼,温感为冷),而后出现全身性肌肉运动失调、痉挛、抽搐、发音困难、昏迷,直至呼吸麻痹而死亡。

目前,尚无特效药可治。因此饮食业不得选用和加工这些鱼类。

③**胆毒鱼类中毒**　胆毒鱼类指鱼胆含有毒素的鱼类。在我国一些地区,民间流传鱼胆可以"清热明目""止咳平喘"等,因而发生吞服鱼胆引起中毒,严重者可引起死亡。胆毒鱼类主要是鲤科鱼类,我国主要的淡水经济鱼类如青鱼、草鱼、鳙鱼和鲤鱼都属于此类。其中以服用草鱼胆中毒者多见,因此在烹饪加工前,厨师务必采取正确的方法将鱼胆去除干净。

鱼胆汁中的有毒成分过去被认为是胆汁毒素,可能与胆汁中的组胺、胆盐及氧化物有关。近年有研究认为 5-α-鲤醇为其有毒成分,其耐热性强,主要损害肾及肝脏,亦可损害心、脑等。

④**血毒鱼类中毒**　血毒鱼类指血液中含有毒素的鱼类。该毒素易被热和胃液破坏,因此煮熟后进食不会中毒。我国血毒鱼目前仅知两种,即广泛分布于江河的鳗鲡和黄鳝。该类中毒一般和民间传说"生饮鱼血能滋补强身"有关。中毒症状多为腹泻、恶心、皮肤瘙痒、呼吸困难等。

⑤**鱼类组胺中毒**　鱼类组胺中毒是由于食用了含有一定数量组胺的鱼类食品所引起的过敏性食物中毒。此种过敏性食物中毒主要发生在不新鲜或腐败的鱼中,容易产生组胺的鱼类主要是海

产鱼中的青皮红肉鱼（鱼体盐分浓度在3‰～5‰时最易产生组胺，故组胺中毒多见于海产鱼类），如鲭鲅鱼、金枪鱼、秋刀鱼等，一般这些鱼含有较多的组氨酸，经脱羧酶作用强的细菌作用后，产生大量组胺。一般引起人体中毒的组胺摄入量为每千克体重1.5 mg，但与个体对组胺的敏感性关系很大。

　　为了防止鱼类组胺中毒，首先得做好鱼类原料的储藏保鲜工作，防止鱼类腐败变质，并且对易产生组胺的鱼类，烹调前应去内脏、洗净，切段后在冷水或盐水中浸泡几个小时，以减少组胺量，然后选用加热充分的烹调方法，比如红烧或清蒸、酥焖，不宜油煎或油炸。组胺为碱性物质，烹调时可适量放些雪里蕻或红果，加少许食醋，可降低组胺毒性。体弱、过敏体质的人及患有慢性支气管炎、哮喘、心脏病等病人最好不食用或少食用青皮红肉鱼类。

任务检验

1 判断题

（1）餐饮服务提供者可以经营养殖河豚活鱼和未经加工的河豚整鱼。（　　　）

（2）螺类在生长过程中易被寄生虫污染，加工时应烧熟煮透。（　　　）

2 填空题

（1）_____是世界上最严重的动物性食物中毒。

（2）河豚的肝、脾、肾、卵巢和卵、皮肤及血液都含有毒素，一般以_____最毒，肝脏次之。一般河豚的_____无毒，但鱼死后毒素渗入_____也能使其含有毒素。

（3）鱼类组胺中毒主要发生在不新鲜或腐败的鱼中，容易产生组胺的鱼类主要是海产鱼中的_____鱼，如鲭鲅鱼、金枪鱼、秋刀鱼等。

3 选择题（单选）

（1）餐饮服务提供者加工经营河豚的正确做法是（　　　）。

A. 可以经营所有品种的野生河豚

B. 可以经营所有品种的养殖河豚活鱼

C. 可以经营所有品种的养殖河豚整鱼

D. 只能经营中华人民共和国农业农村部批准的养殖河豚加工企业加工好的河豚制品

（2）易引起组胺中毒的鱼类是（　　　）。

A. 河豚　　　　　　B. 青皮红肉海产鱼　C. 带鱼　　　　　　D. 甲鱼

（3）禁止餐饮业采购、加工和销售的螺类是（　　　）。

A. 花螺　　　　　　B. 黄泥螺　　　　　C. 织纹螺　　　　　D. 田螺

4 简答题　预防常见动物性食物中毒的措施有哪些？

任务六　植物性食物中毒及其预防措施

任务目标

1. 掌握预防常见植物性食物中毒的措施。

2. 理解引起植物性食物中毒的常见原因。

3. 理解植物性食物中毒的概念。

4. 了解常见的植物性食物中毒的种类。

关于禁止经营河豚的通告

Note

5.提高预防植物性食物中毒的能力,增强保障食品安全的职业意识。

 **任务导入**

中小学、幼儿园食堂不得制售、加工高风险食品

从近年来由中华人民共和国国家卫生健康委员会(简称国家卫健委)统计公布的食物中毒数据来看,有毒植物性食物中毒的发生率和死亡率都较高,尤其是食用毒蘑菇和未煮熟的四季豆是植物性食物中毒的主要致病因素,发生场所则主要集中在集体食堂和餐饮单位这些就餐人数较为集中的场所。因此,在2019年4月1日起施行的由教育部、国家市场监督管理总局、国家卫健委等部门制定的《学校食品安全与营养健康管理规定》中明确规定:中小学、幼儿园食堂不得制售、加工制作四季豆、鲜黄花菜、野生蘑菇、发芽土豆等高风险食品。所以,学习预防植物性食物中毒对于保障食品安全和生命安全十分重要。

今天,我们就来共同完成"植物性食物中毒及其预防措施"的学习任务。

 任务实施

一、植物性食物中毒概述

1 概念　植物性食物中毒是指某些植物性食物体内含有有毒的天然成分,由于它们的外观形态与无毒的品种相似,导致混淆而误食,或是因为食用方法、储存方法不当而引起的食物中毒。

2 常见原因

(1)食用天然含有有毒成分的植物或其制品,如食用有毒蘑菇、鲜白果、曼陀罗果实或种子及其制品等。

(2)在一定条件下,可食的植物性食物产生了大量有毒成分,加工制作时未能彻底去除或破坏有毒成分。如马铃薯发芽后,幼芽及芽眼部分产生大量龙葵素,加工制作不当未能彻底去除龙葵素。

(3)植物中天然含有有毒成分,加工制作时未能彻底去除或破坏有毒成分。如烹饪四季豆的时间不足,未能完全破坏四季豆中的皂素等;煮制豆浆的时间不足,未能彻底去除豆浆中的胰蛋白酶抑制物。

3 预防常见植物性食物中毒的措施

(1)毒蘑菇引起的食物中毒。禁止采摘、购买、加工制作不明品种的野生蘑菇。

(2)四季豆引起的食物中毒。烹饪时先将四季豆放入开水中烫煮10分钟以上再炒,每次烹饪量不得过大,烹饪时使四季豆均匀受热。

(3)豆浆引起的食物中毒。将生豆浆加热至80 ℃时,会有许多泡沫上涌,出现"假沸"现象。应将上涌泡沫除净,煮沸后再以文火维持煮沸5分钟以上,可彻底破坏豆浆中的胰蛋白酶抑制物。

(4)发芽马铃薯引起的食物中毒。将马铃薯储存在低温、无阳光直射的地方,避免马铃薯发芽。

二、常见的植物性食物中毒

1 毒蘑菇中毒　蘑菇又称蕈类,属于真菌植物。毒蘑菇是指食后可引起中毒的蕈类,在中国有100多种,对人生命有威胁的有20多种。毒蘑菇的有毒成分十分复杂,一种毒蘑菇可以含几种毒素,而一种毒素又可以存在于数种毒蘑菇之中。毒蘑菇中毒多发生在个人采集野生鲜菇,误食而引起。

慎防食用野生蘑菇引发的食物中毒

蘑菇种类繁多,有毒与无毒蘑菇不易鉴别。毒蘑菇中毒在绝大多数情况下是由于误食造成的,预防毒蘑菇中毒最根本的办法是大力宣传不要采摘并食用自己不认识的蘑菇,一旦出现中毒现象,及时采取催吐、导泻、灌肠等方法迅速排出毒素,及时抢救。

② 发芽马铃薯中毒　马铃薯,俗称土豆或山芋。马铃薯含有龙葵碱,在正常情况下含龙葵碱较少,在储藏过程中逐渐增加,但当马铃薯储藏不当,至马铃薯发芽或部分变绿时,其幼芽和芽眼部分的龙葵碱含量迅速增加,烹调时又未能去除或破坏掉龙葵碱,人食入后可引起中毒,尤其是春末夏初季节多发。龙葵碱对胃肠道黏膜有较强的刺激作用,对呼吸中枢有麻痹作用并可引起脑水肿,重症可因呼吸麻痹而死亡。此外,对红细胞有溶血作用。

因此,预防发芽马铃薯中毒最主要是要将马铃薯低温储藏,尽量避免阳光直射,防止发芽;尽量不吃发了芽的马铃薯。若生芽较少,烹调前应彻底挖去芽的芽眼,并将芽眼周围的皮削掉一部分,这种马铃薯不宜炒着吃,应煮、炖、红烧,充分加热,或在烹制中加醋,以加速破坏龙葵碱。

③ 四季豆中毒　四季豆即豆角,因地区不同又称为菜豆、芸豆等,是一种常见蔬菜。四季豆煮熟后无毒,但生豆角,尤其是霜打后的豆角含较多的皂素和植物性凝集素,能够引起食物中毒。该类中毒一年四季均可发生,以秋季下霜前后较为常见。我国常年有四季豆中毒事件报道。多发于集体食堂,由于其易清洗的特点而被众多食堂作为食材,但食堂里往往一次性烹调加工量较大,不易加热充分,并且有的厨师过分追求食物爽脆的口感,在四季豆并未完全熟透的情况下,就盛装入盘,导致中毒事件的发生。

四季豆中毒的发病潜伏期一般不超过 5 小时。主要症状为恶心、呕吐、腹痛、腹泻等胃肠炎症状,少数人伴有头痛、头晕、出冷汗等症状。通常无须治疗,病程较短,愈后良好,但严重者应送往医院治疗。

预防方法是必须把全部四季豆煮熟焖透。另外,还要注意,老四季豆及其两头和豆荚毒素含量较多,应尽量避免食用。

④ 鲜黄花菜中毒　黄花菜又名黄花、金针菜,鲜黄花菜里含有秋水仙碱,本身无毒,但一旦摄入体内后能迅速被氧化成为二秋水仙碱,这是一种毒性很大的物质,能强烈刺激肠胃和呼吸系统。成年人如果一次食入 0.1～0.2 毫克的秋水仙碱(相当于鲜黄花菜 50～100 克),就可引起中毒。中毒者一般在食后 1～3 小时发病,开始多感咽喉及胃部不适,有烧灼感,继而出现恶心、呕吐、腹痛、腹泻等症状,腹泻频繁剧烈,多呈水样便或血性便。此外,还会有头晕、头痛、发冷、乏力,甚至麻木、抽搐等症状,可抑制呼吸而致死亡。

预防方法是,必须在烹调鲜黄花菜之前用沸水进行焯烫。市面上的干制黄花菜,已经过净水浸泡、沸水焯烫工艺,秋水仙碱已被破坏,所以食用干制黄花菜不会引起中毒。发生食用鲜黄花菜中毒者,应送医院进行治疗。

⑤ 含氰苷类植物中毒　含氰苷类植物中毒常由苦杏仁、苦桃仁、枇杷仁、李子仁、樱桃仁和木薯引起,但以苦杏仁引起的最为多见,后果最严重。有毒成分为氰苷,经水解能形成氢氰酸,氢氰酸有剧毒。

苦杏仁中毒潜伏期为半小时至数小时,一般 1～2 小时。主要症状为口内苦涩、流涎、头晕、头痛、恶心、呕吐、心慌、四肢无力,继而出现不同程度的呼吸困难、胸闷。严重者意识不清、呼吸急促、四肢冰冷、昏迷。继之意识丧失,瞳孔散大,对光反射消失,牙关紧闭,全身阵发性痉挛,最后因呼吸肌麻痹或心跳停止而死亡。

对于群众应加强宣传教育,不生吃各种苦味果仁,尤其儿童更要注意。若食用果仁,必须用清水充分浸泡,再敞锅蒸煮,使氢氰酸挥发掉。不吃生木薯,食用时必须将木薯去皮,加水浸泡 2 天,再敞锅蒸煮后食用。

◎ 任务检验

1 判断题

(1)为预防豆浆中毒,需将豆浆在"假沸"后保持沸腾 3 分钟以上。(   )

(2)野生蘑菇中存在多种有毒品种,食用有毒品种中毒后病死率高,经营野生蘑菇的餐饮服务提供者要确保经营的野生蘑菇中未混入有毒品种。(   )

(3)幼儿园和中小学食堂尽量不要加工制作四季豆。(   )

(4)餐饮服务提供者加工四季豆时应烧熟煮透,避免造成食物中毒。(   )

2 填空题

(1)含氰苷类植物中毒常由_____、_____、_____、_____和_____引起,但以_____引起的最为多见,后果最严重。

(2)当马铃薯储藏不当,至马铃薯发芽或部分变绿时,其_____和_____部分的_____含量迅速增加,人食入后可引起中毒。

(3)霜打后的豆角含较多的_____和_____,能够引起食物中毒。

(4)鲜黄花菜里含有_____,本身无毒,但一旦摄入体内后能迅速被氧化成为_____,这是一种毒性很大的物质,能强烈刺激肠胃和呼吸系统。

3 选择题 为预防豆浆中毒,需将豆浆在"假沸"后保持沸腾(   )分钟以上。

A. 1   B. 2   C. 3   D. 5

4 简答题 预防常见植物性食物中毒的措施有哪些?

烹饪原料的卫生

扫码看课件

项目描述

　　烹饪原料的卫生鉴别和挑选能力是餐饮服务人员的一项重要职业能力。本项目将从常见的植物性、动物性烹饪原料以及加工性食用油脂、调味品等在卫生方面的常见问题及引发因素、卫生标准等方面的知识分四个学习任务来完成,以增强鉴别、挑选优质烹饪原料的能力,增强保障食品安全的职业意识。

项目目标

　　1.了解常见烹饪原料的卫生问题。
　　2.理解常见烹饪原料卫生问题的引发原因。
　　3.掌握常见烹饪原料的卫生质量标准。
　　4.提高对优质烹饪原料的鉴别、挑选能力,增强保障食品安全的职业意识。

任务一　常见植物性烹饪原料的卫生

任务目标

　　1.掌握优质蔬菜、水果的卫生挑选标准。
　　2.了解粮豆类及豆制品的常见卫生问题。
　　3.了解造成蔬果污染、变质的常见原因。
　　4.提高对优质植物性烹饪原料的鉴别、挑选能力。

任务导入

你会挑选植物性食材吗

　　对于一名厨师来说,挑选优质食材是一项重要的基本功,这其中卫生标准就是一项重要指标。食材一般按照属性不同可分为植物性烹饪原料和动物性烹饪原料,常见的植物性烹饪原料有粮谷类、豆类、蔬菜类、水果类等,常见的动物性烹饪原料有畜禽肉类、蛋类、奶类、水产类等,今天我们就来共同完成学习任务"常见植物性烹饪原料的卫生",提高对粮谷类、豆类、蔬菜类、水果类的挑选能力。

一、粮谷类的常见卫生问题

1 **霉菌及其毒素对粮谷的污染**　在高温高湿条件下,由于各种酶的作用,粮谷会发热、霉烂、变质。粮谷在成熟或储存期间的霉变,不仅感官性状发生变化,而且可产生真菌毒素,使食用者发生真菌毒素食物中毒。其中要特别引起注意的是黄曲霉毒素的污染,其毒性可引起肝癌,也可引起急性中毒。黄曲霉毒素耐热力强,在 280 ℃高温下加压才有可能被破坏。

防止粮谷发热霉变的主要措施是控制环境的温度、湿度。储存粮谷过程中,要将水分降至 14%以下,成品粮降至 13%～13.5%。

2 **粮谷中有害植物种子的污染**　谷物收割时常常混进一些有害的植物种子,最常见的有毒麦、麦仙翁籽、苍耳等。这些杂草种子都含有一定的毒素,混入粮谷制品中会引起食用者中毒。

为预防其中毒应加强田间除草,粮食加工时注意筛选。

3 **仓库害虫及杂物的污染**　仓库害虫的种类很多,世界范围内发现有百种以上,我国发现有 50 多种。其中甲虫损害米、麦等原料,螨虫损害稻谷。这些害虫不但损害大量粮食,而且使粮谷带有不良气味,减少重量,降低质量,易使粮谷发热并导致微生物进一步作用,造成霉烂变质。

泥土、砂石和金属是粮谷中主要无机夹杂物,应在包装储藏前清理干净。提倡科学保粮,要积极推广“四无”粮仓(无虫、无霉、无鼠、无事故)并加强粮食检验,不加工、出售霉烂和不符合卫生标准的粮食。

二、豆制品的常见卫生问题

豆制品含有丰富的蛋白质、水分。在生产、运输、销售过程中极易遭到细菌、霉菌等微生物的污染。很多豆制品除供烹煮外,还经常凉拌食用,故需加强卫生管理,防止食物中毒的发生。

豆制品生产加工中使用的水和添加剂必须符合国家卫生标准。豆芽的发制过程禁止用尿素和化肥。豆制品运输的工具、盛器必须清洁,各种制品冷、热要分开,干、湿要分开,水货不脱水,干货不着水,不叠不压,要保持低温、通风,杜绝苍蝇及滋生蛆虫。

三、蔬菜类、水果类的卫生

1 蔬菜类的卫生标准

等级	卫生标准
优质	鲜嫩、无黄叶,无伤痕,无病虫害,无烂斑
次质	梗硬,老叶多、叶枯黄,有少量病虫害、烂斑和空心,挑选后可食用
变质	严重霉烂,呈腐臭味,亚硝酸盐含量增多,有毒或有严重虫伤等,不可食用

② 水果类的卫生标准

等级	卫生标准
优质	表皮色泽光亮,肉质鲜嫩、清脆,有固定的清香味
次质	表皮较干,不够光泽、丰满,肉质鲜嫩度差,营养成分减少,清香味减退,略有小烂斑,有少量虫伤,去除虫伤和腐烂处仍可食用
变质	已腐烂变质,不能食用

③ 造成污染、变质的常见原因

(1)肠道致病菌和寄生虫卵的污染。我国蔬菜栽培主要以人畜类粪便作肥料,因此肠道致病菌和寄生虫卵的污染很严重。据查西红柿、黄瓜、葱的大肠杆菌检出率为67%～100%。不论新鲜蔬菜或咸菜都可检出蛔虫卵。水生植物中的菱角、荸荠上可污染姜片虫。水果在收获和运输过程中,由于和大气、土地接触,也往往污染肠道致病菌和寄生虫卵。

(2)污水、废水的污染。

(3)农药的污染。为了防止蔬菜、水果受污染,预防措施有严禁用未经处理的生活污水、废水灌溉农田;用于蔬菜、水果的农药必须是高效、低毒、低残毒的;禁用鲜人畜粪便为蔬菜、水果施肥;做好运输、储藏的卫生管理;生吃蔬菜、水果必须洗净消毒;削皮后的水果应立即食用。

有机食品、绿色食品、无公害食品

任务检验

① 选择题(多选)

(1)下列属于粮谷类常见卫生问题的有(　　)。

A.霉菌及其毒素对粮谷的污染　　B.粮谷中有害植物种子的污染

C.仓库害虫及杂物的污染　　D.痢疾

(2)下列属于造成蔬菜、水果污染、变质的原因有(　　)。

A.肠道致病菌和寄生虫卵的污染

B.污水、废水的污染

C.农药的污染

D.在某种条件下食物本身产生了大量的有毒物质

② 填空题

(1)粮谷在成熟或储存期间的霉变,其中要特别引起注意的是＿＿＿＿＿＿的污染,其毒性可引起肝癌,也可引起急性中毒。

(2)防止粮谷发热霉变的主要措施是＿＿＿＿＿＿＿。

(3)豆芽的发制过程禁止用＿＿＿＿和＿＿＿＿。

(4)生吃蔬菜、水果必须＿＿＿＿;削皮后的水果应＿＿＿＿。

③ 简答题　请简述优质蔬菜、水果的卫生挑选指标。

任务二　常见动物性烹饪原料的卫生(一)

任务目标

1.了解畜肉、禽肉、蛋类、奶类的常见卫生问题。

2.掌握畜肉、禽肉、蛋类、奶类的卫生要求。

3.增强对优质动物性烹饪原料的鉴别、挑选能力。

 **任务导入**

你会挑选动物性食材吗

现如今,市场上的食材可谓是五花八门,应有尽有。一头牛不同部位的肉有不同的叫法,不同部位的价格也不尽相同。蛋类、奶类也是各式各样,去市场采购这些原料,还真得有"火眼金睛",不然,花了冤枉钱不说,还可能买到不卫生的食材。那这些食材常见的卫生问题会有哪些?我们如何增强选购它们的能力?带着这些问题,我们走进今天的学习任务——"常见动物性烹饪原料的卫生(一)"。

任务实施

动物性食物的营养丰富,是微生物生长发育的良好培养基。据统计,动物性食物是引起细菌性食物中毒最多的食物。牲畜的某些传染病可传染给人(即人畜共患病),对人的危害较大,故必须加大卫生检验和卫生管理的力度,保证肉品的卫生质量。

一、畜肉的卫生问题

❶ **屠宰后肉品的变化** 屠宰后的牲畜肌肉,一般经过尸僵、成熟、自溶、腐败 4 个阶段的变化。成熟阶段为最佳食用期,肉质新鲜,肉组织比较柔软,富有弹性。煮沸后具有香气,味鲜,并易于煮烂。此阶段的畜肉如不烹制,又没有适宜的储藏条件时,就会受到外界微生物的侵染,肉组织变得色暗、无光泽、丧失弹性,表面湿润而发黏,这意味着肉组织蛋白质分解成氨基酸后进而产生了氮、二氧化碳、硫化氢等具有不良气味的挥发性物质。肉由自溶阶段开始腐败,微生物大量生长繁殖,失去食用价值,如果食用易引起食物中毒。

什么是"排酸肉"

❷ **冷冻肉的卫生** 冷冻肉色泽、香味都不如鲜肉,但保存期长,冷冻可抑制或延缓大多数微生物的生长,但不能完全杀菌。如沙门氏菌在 $-163\ ℃$ 可存活 3 天;结核分枝杆菌在 $-10\ ℃$ 的冷冻肉内可存活 2 年。冷冻肉长期在空气不流通的处所存放或已融化的部位会出现生霉、发黏现象。

冷冻肉解冻一般在室温下进行。在 20 ℃通风的状况下,使冷冻肉深层温度升高到 0 ℃可在一昼夜完成。用温水浸泡解冻,会造成可溶性营养素的流失,易遭微生物的污染,酶及氧化作用等因素还会使肉品感官质量发生变化,故冷冻肉解冻后应立即加工、食用。

❸ **对用于加工肉制品的原料肉的要求** 原料肉必须具有表示合格的、清晰的检验印戳。病死或腐败变质的、带有异味的、未经无害化处理的、患有寄生虫病的肉及急宰畜禽肉不得作为肉制品原料。

原料肉必须是无血、无毛、无粪便污物、无伤痕病灶、无有害腺体的鲜肉或冻肉。鲜肉指当日屠宰上市,在温度为 1 ℃左右条件下冷却或在室温下放置 24 小时以内的肉。

❹ **对常见人畜共患病肉的处理**

(1)炭疽是由炭疽杆菌引起的一种对人畜危害极大的传染病。病猪主要表现为局部炭疽,病变区肉质呈砖红色,肿胀变硬,人食入后可感染肠胃型炭疽。炭疽杆菌不耐热,60 ℃时即可被杀死,但形成芽孢后在 140 ℃高温下才能被杀死。所以,一旦发现炭疽病畜一律不准屠宰和解体,病畜应及时高温化处理或用深坑垫石灰的方法掩埋。

（2）口蹄疫病毒可引起传染性极强的接触性传染病。其主要表现是口腔黏膜或蹄部皮肤出现特征性水疱。只要发现有病畜，该群牲畜要全部屠宰，病变部位的肉要销毁。

（3）囊尾蚴病、旋毛虫病等是人畜共患的疾病，一旦发现，病畜要按国家食品安全法规处理。

二、禽肉的卫生问题

禽类屠宰后体表的杂菌，如假单胞菌、变形杆菌和沙门氏菌等在适宜的条件下可以大量繁殖，引起禽肉感官性质的改变，以及腐败变质。由于禽肉表面的细菌有50%～60%能产生颜色，所以腐败的禽肉表面有各种色斑。冻禽在冷藏时腐败往往呈绿色，因为在冷藏温度下，只有绿色的假单胞菌能繁殖。禽体若未取出内脏，则腐败的速度更快。禽肉腐败变质的同时，也可伴有沙门氏菌和其他致病菌的繁殖，而且这些细菌往往会侵入肉的深部，食前若不彻底煮熟煮透，就会引起食物中毒。

为了防止食物中毒的发生，要加强宰前、宰后的检查，根据情况做出处理。要采取合理的宰杀方法，比如改进鸡的屠宰工艺，可杜绝沙门氏菌等细菌的污染。

三、蛋类的卫生问题

鲜蛋的卫生问题主要是沙门氏菌污染和微生物引起的腐败变质。

蛋壳表面细菌很多。据统计，干净蛋壳外表面有400万～500万个细菌，而脏蛋壳上的细菌则高达1.4亿～9亿个，这些细菌来自泄殖腔和不清洁的产卵场所。

禽类往往带有沙门氏菌，以卵巢最为严重。因此，不仅蛋壳表面受沙门氏菌污染比较严重，而且蛋的内部也可能有沙门氏菌。水禽（鸭、鹅）的沙门氏菌感染率更高。为防止沙门氏菌引起食物中毒，不允许用水禽蛋作为糕点原料。水禽蛋必须煮沸10分钟以上才能食用。

禽蛋的腐败主要是由于外界微生物通过蛋壳毛细孔进入蛋内造成的。一般先是蛋黄游动，其次蛋黄散碎（即散黄），与此同时，蛋白质分解产生硫化氢、氨等，使其变色和有恶臭气味。霉菌侵入蛋壳，使蛋壳内壁出现黑斑。如蛋破裂就会加速腐败。

以上各种腐败的表现均可在灯光下用照蛋法加以识别。

四、奶类的卫生问题

鲜牛奶最常见的污染是微生物污染。这些微生物污染可来自乳牛的乳腺腔，也可来自挤奶人员的手，以及生产环境的空气、尘埃、飞沫中的微生物及污染的容器。另外，还有人畜共患病及其他微生物的污染。

❶ 微生物的污染 一般情况下，刚刚挤出的牛奶中可能有各种微生物，但刚挤出的牛奶中含有一种抑菌物质——溶菌酶。因此刚挤出的牛奶中微生物的数量不会逐渐增多，而是逐渐减少。牛奶抑菌作用保持时间的长短与牛奶中存在细菌的多少和牛奶的储存温度有关。牛奶的菌数愈少、储存温度愈低，抑菌作用保持时间就愈长，反之就短。抑菌作用维持时间愈长，牛奶的新鲜状态保持愈久。一般生奶类（指刚挤出的、未消毒的奶）的抑菌作用在0 ℃时可保持48小时，5 ℃可保持36小时，10 ℃时可保持24小时，25 ℃时保持6小时，而在30 ℃时仅能保持3小时。故奶类挤出后应及时冷却，否则微生物就会大量繁殖，使奶类腐败变质。变质的奶类可引起理化性质的改变，如色泽、口味、凝块等感官性质的变化，腐败菌分解蛋白质时，可产生有恶臭味的吲哚、粪臭素、硫醇及硫化氢等，使奶类不能食用。

❷ **致病菌的污染**　动物本身的致病菌,通过乳腺进入奶中,然后通过奶感染人,就是所说的人畜共患病病原体,如牛型结核。牛患结核病如有明显症状,其乳中往往有结核分枝杆菌,人如食用这种未彻底消毒的牛奶就可能患牛型结核病。奶中查出结核分枝杆菌的牛应淘汰。若症状不明显,所产的奶经 70 ℃消毒 30 分钟后可用于制作奶制品。

另外,如奶类中查出布氏杆菌应立即煮沸 5 分钟,再经巴氏消毒才能出售;奶类中查出炭疽杆菌,不得食用;奶牛患有乳腺炎时,挤出的奶应即刻销毁。

健康牛产的奶也应消毒后方能出售。

❸ **奶类的消毒**　奶类过滤后应立即进行消毒。目的是杀灭致病菌和可能使奶类腐败变质的微生物。常用的消毒方法如下。

(1)巴氏消毒法:低温长时间加热,即在 62～63 ℃加热 30 分钟,可杀灭 99.9%原有菌;高温短时间加热,即在 80～90 ℃加热 30 秒至 1 分钟,杀菌率也达 99.9%。奶经巴氏消毒后应立即冷却到 8 ℃以下存放,但时间不得超过 24 小时。

(2)煮沸消毒法:即将奶加热到煮沸(95 ℃)状态,但对奶的营养成分和性质有些影响,只适用于家庭或中小型奶场使用。

(3)蒸汽消毒法:将牛奶装瓶加盖或装袋,放入蒸笼内加热,使奶温上升到 85～95 ℃,保持 3 分钟。此法消毒十分彻底。

消毒牛奶应呈乳白色或微黄色,均匀无沉淀,无凝块,无杂质,具有牛奶应有的香味和滋味,无任何异味。

任务检验

❶ **填空题**

(1)屠宰后的牲畜肌肉,一般经过 _____ 、_____ 、_____ 、_____ 4 个阶段的变化。_____ 阶段为最佳食用期,肉质新鲜,肉组织比较柔软,富有弹性。

(2)冷冻肉保存期长,冷冻可抑制或延缓大多数微生物的生长,但不能完全杀菌,长期在空气不流通的处所存放或已融化的部位会出现 _____ 、_____ 现象。

(3)冷冻肉解冻一般在 _____ 下进行。用温水浸泡解冻,会造成 _____ ,易遭微生物的污染,酶及氧化作用等因素还会使肉品感官质量发生变化,故冷冻肉解冻后应 _____ 。

(4)原料肉必须具有表示合格的、清晰的 _____ 。

(5)鲜蛋的卫生问题主要是 _____ 和 _____ 。

(6)为防止沙门氏菌引起食物中毒,不允许用 _____ 作为糕点原料。

❷ **选择题**(单选)

(1)下列不属于人畜共患病的是(　　　)。

A.炭疽　　　　　B.叶斑病　　　　　C.口蹄疫　　　　　D.囊虫病

(2)下列哪项不是牛奶常用的消毒方法?(　　　)

A.巴氏消毒法　　B.煮沸消毒法　　C.冷冻法　　　　D.蒸汽消毒法

❸ **简答题**

(1)请简述挑选原料肉的卫生标准。

(2)请简述挑选奶类的卫生标准。

任务三 常见动物性烹饪原料的卫生(二)

任务目标

1.了解鱼类、虾蟹类、贝类的常见卫生问题。

2.掌握鱼类、虾蟹类、贝类在选购和食用中的注意事项。

3.增强对优质水产类烹饪原料的鉴别、挑选能力。

任务导入

你知道水产类烹饪原料的安全风险吗

上海禁止生产经营这些食品品种

现如今,人民生活水平日益提高,各类水产类烹饪原料已经成为餐桌上的"常客"。但同时,我们又经常在媒体上看到各种关于水产品引发的食品安全问题,比如发现餐盘里吃到发臭的蚬子、吃小龙虾发生食物中毒等。在 2018 年 12 月 13 日起施行的《上海市人民政府关于本市禁止生产经营食品品种的通告》规定:禁止生产经营毛蚶、泥蚶、魁蚶等蚶类,炝虾和死的黄鳝、甲鱼、乌龟、河蟹、蟛蜞、螯虾和贝壳类水产品。这些都是出于什么考虑,水产类烹饪原料都有哪些常见的卫生问题?今天我们就带着这些问题,一同走进学习任务——"常见动物性烹饪原料的卫生(二)"。

任务实施

一、鱼类的卫生

1 容易腐败变质 由于鱼肉含有较多的水分和蛋白质,酶的活性强且肌肉组织比较疏松、细嫩,给微生物的侵入、繁殖创造了极好的条件,故易腐败变质。

鱼体表面、鳃和肠道有一定量的细菌,当鱼离开水时,从鱼皮下分泌出一种透明的黏液(也是一种蛋白质),可以保护机体。鱼体死后不久,表面结缔组织分解,使鱼鳞脱落,眼球周围组织被分解而使眼珠下陷、混浊无光。鱼鳃经细菌作用,由鲜红变成暗褐色,且很快产生臭味。同时鱼肠内微生物大量生长繁殖,产生气体,使腹部膨胀,肛门处的肠管脱出。若将鱼放在水中,则鱼体上浮。鱼脊骨旁的大血管被分解而破裂,周围出现红色。随着细菌侵入深部,肌肉被分解而破裂并与鱼骨脱离(俗称离骨),有腥臭味,这表明鱼已严重腐败,不可食用。

鱼类新鲜度感官指标

新鲜度	感官指标				
	眼球	鳃部	肌肉	体表	腹部
新鲜	眼球饱满,角膜透明清亮、有弹性	鳃色鲜红,黏液透明,无异味(淡水鱼可带土腥味)	坚实有弹性,压陷处能立即复原,无异味,肌肉切面有光泽	有透明黏液,鳞片紧密有光泽,不易脱落(黄鱼、鲅鱼等除外)	正常不膨胀,肛门凹隐

续表

新鲜度	感官指标				
	眼球	鳃部	肌肉	体表	腹部
较新鲜	角膜起皱,稍混浊,有时内溢血,发红	鳃色呈暗红色、淡红色或紫红色,黏液略有酸味或腥味	稍松软,弹性较差,压陷处不能立即复原,稍有腥酸味,肌肉切面无光泽	黏液不透明,有酸味,鳞片光泽较差,易脱落	膨胀不明显,肛门稍突出
不新鲜	眼球塌陷,角膜混浊发红	鳃色呈褐色、灰白色,黏液混浊,带有酸臭、腥臭或陈腐味	较松,弹性差,压陷处不易复原,有霉味和酸臭味,肌肉易与骨骼分离	无光泽,鳞片脱落较多,有腐败味	膨胀或变软,有暗色或淡绿色斑点,肛门突出

　　❷ **鱼类的保鲜**　保鲜是保证鱼类质量的主要措施,可用低温法和食盐法。通过抑制组织蛋白酶的作用和微生物的繁殖,可以延长鱼尸僵期和自溶期的时间。低温保鲜有冷却和冷冻两种方式。冷却是使温度降至-1 ℃左右,使鱼体冷却,一般可保存$5\sim14$天。冷冻是在$-40\sim-25$ ℃环境中使鱼体冻结,此时各种组织的酶和微生物均处于休眠状态,保藏期可达半年以上。

　　用食盐保藏的海鱼,用盐量不应低于15%。

二、虾蟹类的卫生

　　鲜虾体形完整,外壳透明光亮,体表呈青白色或青绿色,清洁,无污秽、黏性物质。须足无损,蟠足卷体,头胸节与腹节紧连,肉体硬实、紧密而有韧性,断面半透明,内脏完整,无异常气味。

　　当虾体死后或变质分解时,头脑节末端的内脏易腐败分解,使腹节的连接变得松弛、易脱落。虾体在尸僵阶段可保持死亡时伸张或卷曲的固有状态,进入自溶阶段后,组织变软,失去躯体的伸屈力。虾体将近变质时,甲壳下层分泌黏液的颗粒细胞崩溃,大量黏液渗至体表,失去虾体原有的干燥状态。当虾体变质分解时,甲壳下真皮层含有以胡萝卜素为主的色素质,与蛋白质分离产生虾红素,使虾体泛红,表示已接近变质。严重腐败时,有异味,不能食用。

　　螃蟹喜食动物尸体等腐烂性食物,胃肠中常带有致病菌和有毒杂菌,蟹一旦死后这些病菌便会大量生长繁殖。螃蟹体内含有较多的组氨酸,在脱羧酶的作用下组氨酸易分解,产生组胺和类组胺物质。组胺是有毒物质,食后会造成组胺中毒。

三、贝类的卫生

　　动物界中的软体动物因大多数具有贝壳,故通常称之为贝类。贝类品种很多,包括海产的鲍、蛏、蚶、牡蛎、泥螺、贻贝、乌贼,淡水的螺、蚌等。它们含有丰富的蛋白质,味道鲜美,很受人们的青睐。

　　贝类可被水域中的多种生物污染。如一些藻类含有神经毒素,当水域中此种藻类大量繁殖时,形成所谓"赤潮",会污染蛤类,但因毒素在其体内呈结合状态,所以对蛤类本身并无危害,而人食用蛤肉后,毒素迅速释放而引起中毒。

副溶血性弧菌是分布极广的海洋细菌,污染贝类及海鱼等海洋生物,此菌的繁殖速度快,8分钟即可繁殖一代。如刚捕捞的新鲜乌贼在短时间里凭人的感觉尚未发现新鲜度下降时,就已含有大量细菌。食用100克含菌量为10^4个的乌贼即可发生食物中毒。

如养殖贝类的水域受病原生物的污染,贝类体内会浓缩积聚病原生物,其浓度要比水域中病原生物的浓度高几百倍甚至几千倍。就是说,贝类不仅受多种生物的污染,而且其体内携带的病原生物的数量也极多。

食用方法不当是引起贝类食物中毒的重要原因。若仅用开水烫一下,剥开贝壳,取出贝肉蘸上调料就吃,大量有害生物未被彻底杀灭,与贝肉一起进入人体,与有害生物相关疾病的发生则在所难免。

虾、蟹、贝类新鲜度感官判定

类别	新鲜或较新鲜	不新鲜
虾类	头尾完整,有一定的弯曲度,色泽、气味正常,外壳有光泽,呈半透明状,紧附着虾体,虾体肉质坚实,有弹性,体表呈青绿、青黑或青白色,色素斑点明显	头尾脱落或易离开,不能保持原来的弯曲度,甲壳失去光泽,甲壳黑变较多,体色变红,甲壳易与虾体分离,虾肉组织松软,有陈腐气味或氨臭味
蟹类	色泽鲜艳,外壳呈青绿色或黄绿色,腹面色泽洁白,蟹体肥壮,腿肉坚实,螯足挺直	色泽暗淡,外壳呈暗红色,腹面出现灰褐色斑点和斑块,蟹肉松软,腿肉空松瘦小,螯足下垂
贝类	贝类色泽正常,呈浅乳黄色、浅姜黄色或浅黄褐色,有的局部有玫瑰紫色斑点,肌肉坚实,富有弹性,手摸有滑溜感	贝肉色泽减退,呈灰黄色、灰白色或黄白色,肌肉较松软,弹性差,手摸有黏滞感,有酸臭味

任务检验

❶ 填空题

(1)由于鱼肉含有较多的水分和蛋白质,酶的活性强且肌肉组织比较疏松、细嫩,给微生物的侵入、繁殖创造了极好的条件,故易_____。

(2)保鲜是保证鱼类质量的主要措施,可用_____和_____。

(3)当虾体死后或变质分解时,_____的内脏易腐败分解,使_____的连接变得松弛、易脱落。

(4)螃蟹体内含有较多的_____,在脱羧酶的作用下,产生_____和_____。

(5)_____是分布极广的海洋细菌,污染贝类及海鱼等海洋生物,此菌的繁殖速度快,8分钟即可繁殖一代。

(6)_____是引起贝类食物中毒的重要原因。

❷ 简答题

(1)请简述鱼类腐败变质的常见表现。

(2)请简述挑选鲜虾的感官指标。

任务四 食用油脂和常见调味品的卫生

任务目标

1.了解食用油脂、酱油、酱、食醋、食盐的常见卫生问题。

2.掌握防止油脂变质的注意事项。

3.增强对优质食用油和常见调味品的鉴别、挑选能力。

任务导入

食用油脂和调味品关乎整个餐饮产品的食品安全

食用油脂和调味品是烹调加工中必不可少的原料,也是烹调操作间必备的原料。没有了食用油脂和调味品,我们无法想象怎么来完成食物的烹调加工。当然,食用油脂和调味品的安全也关乎整个餐饮产品的食品安全。食用油脂和常见调味品都有哪些常见的卫生问题?今天我们就带着这些问题,共同来完成学习任务"食用油脂和常见调味品的卫生"。

任务实施

一、食用油脂的卫生

❶ 油脂的酸败 不论是食用油脂,还是含油脂较多的食品,在不符合卫生要求的条件下保存,尤其是高温季节,很容易产生一种哈喇味,这就是油脂发生酸败的缘故。造成油脂酸败的原因有两个方面,一是由于植物组织残渣和微生物产生的酶所引起的酶解过程;二是空气、阳光、水分等作用下发生的水解过程。

在酸败过程中,食用油脂先被分解为甘油和游离脂肪酸。游离脂肪酸的增加使油脂酸价增高,同时又增加了低级脂肪酸($C_4 \sim C_6$ 脂肪酸),这些游离的低级脂肪酸可以进一步发生断链,形成酮类和酮酸。这些都是在微生物和酶的作用下发生的酶解过程。酶解使油脂变劣,具有哈喇味和苦涩味。最严重的是油脂中游离不饱和脂肪酸会发生氧化,形成过氧化脂质,并再分解成为具有特殊臭味的醛类和

醛酸。酸败过程中,不饱和脂肪酸、脂溶性维生素均被氧化破坏,失去价值。同时,因为油脂氧化产物为酮、醛等有毒物,对人体有毒害作用。油脂的高度氧化产物可能引起肿瘤,要高度重视。酸败了的油脂,由于性质改变,已失去食用价值,不能食用。

❷ 防止油脂变质

(1)要求油脂的纯度高,减少残渣存留,避免微生物污染。要在干燥、避光和低温的条件下储存。

(2)要限制油脂中水分含量。我国规定油脂中的水分不得超过 0.2%。烹调加工过程中用过的油脂含水分多,不要回倒在新鲜的油脂中,应单独存放,及时用掉,不能久存。

(3)阳光和空气能促进油脂的氧化,所以油脂宜放在暗色(如绿色、棕色)的玻璃瓶中或上釉较好的陶器内,放置于阴暗处,最好密封,尽量避免与空气接触。

(4)金属(铁、铜、锰、铅等)能加速油脂的酸败,所以储存油脂的容器不应含有铜、铅、锰等金属成分。

(5)在油脂中添加一定量的抗氧化剂能防止油脂氧化,但是要注意所使用氧化剂的卫生要求。

❸ 粗制生棉籽油的毒性　棉籽中有毒性的物质主要是游离棉酚。由于粗制生棉籽油中棉酚含量高,长期食用会引起"烧热病"。病人皮肤灼热难受,无汗,伴有心慌、无力、气急、肢体麻木等症状,还能影响生殖功能。只要停止食用棉酚含量较高的粗制棉籽油,经治疗后,多数病人可恢复健康。

预防"烧热病"的措施是改变棉籽油的加工方法。棉籽应先蒸炒后,再进行榨油,榨出的油需再经过精炼,这样就可去掉大部分棉酚,使油不再具有毒性。我国规定棉籽油中游离棉酚含量不得超过 0.03%。

❹ 油脂经高温加热后的毒性　油脂经过高温加热后,不仅营养价值降低,而且分子结构改变,发生脂肪酸聚合。油脂中的不饱和脂肪酸,如亚麻酸、亚油酸、花生四烯酸等,加热时都能发生聚合作用。所谓聚合作用就是两个或两个以上分子的不饱和脂肪酸互相聚集构成大的分子团。实验证明,三聚体不能被机体吸收,二聚体只有部分可被机体吸收,但毒性较强。这种毒性可使动物生长停滞,肝肿大、肝功能受到损害,有人认为其还具有致癌作用。反复使用的高温加热的油聚合体更多,对机体的危害更大。

为防止和打破脂肪酸的聚合作用,在烹调中要注意不反复使用高温加热的油脂烹炸食物,要控制烹调的油温,适当地加入新油脂,加热的时间不要太长。

食用油脂在烹饪中的作用

二、常见调味品的卫生

能调节食品色、香、味等感官性状的调味品很多,如咸味剂、甜味剂、酸味剂、鲜味剂和辛香剂等。下面介绍烹调中常用的酱油、酱、食醋、食盐等调味品的卫生。

❶ 酱油、酱　酱油的种类很多,人们普遍食用的是以大豆和豆饼为主要原料制成的人工发酵酱油。较常见的酱是用大豆、面粉等为原料发酵酿造成的黄酱、甜面酱、豆瓣酱等。它们主要的卫生问题是微生物的污染与生霉。

酱油和酱属于发酵食品,在加工制作过程中要接种曲霉。在长期反复培养中,容易污染其他产毒菌种或菌种变异成为产毒菌株,给人们健康造成危害。

酱油、酱又是肠道病原微生物传播者——苍蝇的滋生场地,一旦污染上致病菌,就成为肠道疾病的传播途径。

在酱类制品的生产加工、运输、储存和销售过程中,卫生防护措施差则会受到产膜性酵母的污染。在气温较高的季节,酱类制品生长一层白膜即"生白"现象,会降低产品卫生质量,还可造成产品变质。

符合卫生要求的酱油应具有正常酿造酱油的色泽、气味和滋味,不混浊,无沉淀,无霉花乳膜,无不良气味,不得有酸、苦、涩等异味和霉味。

酱油中加入的添加剂有防腐剂和色素,应按国家规定的品种和用量使用。严禁采用加铵法生产酱油。

❷ 食醋　食醋以粮食、糖、酒等为原料经醋酸菌的发酵作用酿造而成。按制作方法不同分酿造醋和人工合成醋;按原料不同可分为米醋、糖醋、果醋。

发酵的醋制成后必须加热将醋酸菌杀死,否则被醋酸菌分解为二氧化碳和水。食醋中含醋酸 3%～5%,有芳香气味。食醋如果污染杂菌,则表面形成白色菌膜(也称生醭或生白),会降低醋的质量。如污染醋酸菌,则会生成纤维质半透明的厚皮膜,使醋的品质败坏。因此生产中必须保持清洁卫生,严格按操作规程的卫生标准要求去操作,防止霉变和生长醋鳗、醋虱。正在发酵或已发酵的醋中如果发现有醋鳗和醋虱,可将醋加热至 72 ℃,维持数分钟,然后过滤。要求盛醋容器必须干净,并用蒸汽消毒。容器要尽量装满,不留空隙,封口严密。食醋酿造时间要充足,否则其中氧化酶未被破坏会使醋混浊而影响质量。合成醋的刺激味较大,故规定其中的醋酸含量以 3%～4% 为宜。

食醋中不得含有游离无机酸,不应与金属容器接触。醋中的铅、砷等重金属及黄曲霉毒素、细菌指标不能超过国家规定标准。

❸ 食盐 食盐的主要卫生问题是质量不纯或混有对人体有害的物质,如钡盐、镁盐、氟化物、铅、砷等。

食用盐的主要成分是氯化钠(海盐、湖盐、井盐含量不得低于 97%,矿盐中含量不得低于 96%)。符合卫生要求的食盐应色白、味咸,无可见的外来杂物,无苦味、涩味,无异臭。

任务检验

① 填空题

(1)食用油脂或含油脂较多的食品,若储存不当(尤其是高温季节),很容易产生一种哈喇味,这是由于油脂发生_____的缘故。

(2)在酸败过程中,食用油脂先被分解为_____和_____。

(3)游离脂肪酸的增加使_____增高,同时又增加了低级脂肪酸(C_4～C_6脂肪酸),这些游离的低级脂肪酸可以进一步发生断链,形成酮类和酮酸。

(4)酸败过程中,_____、_____均被氧化破坏,失去价值。

(5)酸败了的油脂,由于性质改变,已失去_____,不能食用。

(6)棉籽中有毒性的物质主要是_____。

(7)由于粗制生棉籽油中棉酚含量高,长期食用会引起_____。

(8)油脂经过高温加热后,不仅_____降低,而且_____改变,发生脂肪酸聚合。

(9)为防止和打破脂肪酸的聚合作用,在烹调中要注意_____高温加热的油脂烹炸食物,要控制烹调的油温,适当地加入新油,加热的时间_____。

(10)常见的酱是用_____等为原料_____酿造成的黄酱、甜面酱、豆瓣酱等。它们主要的卫生问题是_____与_____生霉。

(11)食用盐的主要成分是_____。符合卫生要求的食盐应_____、_____,无可见的外来杂物,无苦味、涩味,无异臭。

② 简答题

(1)请简述造成油脂酸败的原因。

(2)请简述防止油脂变质的注意事项。

第三部分

食品安全基本操作规范

扫码看课件

扫码听微课

餐饮相关岗位的食品安全操作规范

项目描述

　　本项目为食品安全基础知识的实践应用,主要阐述餐饮相关岗位保障食品安全的基本操作规范,与国家市场监督管理总局 2018 年 7 月 1 日发布的《餐饮服务食品安全操作规范》相对应,与餐饮相关岗位的食品安全要求密切相关,对餐饮工作者是否能合法生产、合法经营十分重要。

项目目标

　　1.了解餐饮服务过程中保障食品安全的相关岗位。
　　2.掌握餐饮服务团队中厨师岗位的食品安全操作规范。
　　3.明确餐饮服务团队中其他岗位的食品安全操作规范。
　　4.增强餐饮服务岗位食品安全意识,提高规范操作能力。

任务一　餐饮从业人员的健康管理及培训考核要求

 任务目标

　　1.明确餐饮从业人员的健康管理及培训考核要求。
　　2.增强餐饮从业人员的食品安全意识。

 任务导入

莫让餐饮从业人员成为食品安全的污染源

　　某日,上海市两所小学的学生食用该市某营养配膳公司供应的盒饭后,有 153 人出现腹泻、呕吐、发热等症状,从病人肛拭子、剩余盒饭以及该公司一名厨师的肛拭子样品中均检出痢疾杆菌。进一步调查发现,该厨师在事件发生前数日起就自觉腹部不适、大便稍稀,但仍带病上班,且承担炒菜和分装两项任务,当日上午的工作间隙还上过两次厕所。从业人员与食品密切接触,一旦患有碍食品安全的疾病,污染食品的机会极大。这是一起典型的由餐饮从业人员带菌操作污染食品所引起的食物中毒事件。

　　人体是一种常见的食品污染来源。餐饮从业人员的健康管理及培训考核是食品安全风险管控中的重要一环。食品安全是为了保障"人的安全",然而在食品加工过程中最大的风险源也是"人"。如果对餐饮从业人员没有很好地实行健康管理及培训考核,餐饮从业人员就很有

Note

可能成为食品污染源,这样无疑会给食品安全带来极大的隐患。那么,如何杜绝餐饮从业人员成为食品安全的污染源呢? 我们一同走进今天的学习任务"餐饮从业人员的健康管理及培训考核要求"。

 **任务实施**

一、健康管理

(1)从事接触直接入口食品工作(清洁操作区内的加工制作及切菜、配菜、烹饪、传菜、餐饮具清洗消毒)的从业人员(包括新参加和临时参加工作的从业人员)应取得健康证明后方可上岗,并每年进行健康检查取得健康证明,必要时应进行临时健康检查。

清洁操作区是指为防止食品受到污染,清洁程度要求较高的加工制作区域,包括专间、专用操作区。

《中华人民共和国食品安全法》第四十五条中规定"从事接触直接入口食品工作的食品生产经营人员应当每年进行健康检查,取得健康证明后方可上岗工作"。第一百二十六条中规定"由县级以上人民政府食品安全监督管理部门责令改正,给予警告;拒不改正的,处五千元以上五万元以下罚款;情节严重的,责令停产停业,直至吊销许可证"的情形包括"食品生产经营者安排未取得健康证明的人员从事接触直接入口食品的工作"。

(2)食品安全管理人员应每天对从业人员上岗前的健康状况进行检查。患有发热、腹泻、咽部炎症等病症及皮肤有伤口或感染的从业人员,应主动向食品安全管理人员等报告,暂停从事接触直接入口食品的工作,必要时进行临时健康检查,待查明原因并将有碍食品安全的疾病治愈后方可重新上岗。

(3)手部有伤口的从业人员,使用的创可贴宜颜色鲜明,并及时更换。佩戴一次性手套后,可从事非接触直接入口食品的工作。

(4)患有霍乱、细菌性和阿米巴性痢疾、伤寒和副伤寒、病毒性肝炎(甲型、戊型)、活动性肺结核、化脓性或者渗出性皮肤病等国务院卫生行政部门规定的有碍食品安全疾病的人员,不得从事接触直接入口食品的工作。

二、培训考核

餐饮服务企业应每年对其从业人员进行一次食品安全培训考核,特定餐饮服务提供者应每半年对其从业人员进行一次食品安全培训考核。

特定餐饮服务提供者指学校(含托幼机构)食堂、养老机构食堂、医疗机构食堂、中央厨房、集体用餐配送单位、连锁餐饮企业等。

《中华人民共和国食品安全法》第四十四条中规定"食品生产经营企业应当建立健全食品安全管理制度,对职工进行食品安全知识培训"。

(1)培训考核内容为有关餐饮食品安全的法律法规知识、基础知识及本单位的食品安全管理制度、加工制作规程等。

(2)培训可采用专题讲座、实际操作、现场演示等方式。考核可采用询问、观察实际操作、答题等方式。

(3)对培训考核及时评估效果、完善内容、改进方式。

(4)从业人员应在食品安全培训考核合格后方可上岗。

健康证一般检查项目

任务检验

1 判断题

(1)餐饮服务提供者应当对员工进行食品安全知识培训,保证食品安全。(　　)

(2)食品经营企业应当配备食品安全管理人员并经考核合格。(　　)

(3)大型餐饮服务企业和餐饮连锁企业及设有食堂的大中专院校应当建立食品安全管理机构并配备专职管理人员。(　　)

(4)食品安全管理人员应当负责对购买的食品原辅料、食品加工制作过程、餐饮具清洗消毒、环境卫生等进行管理。(　　)

(5)从事接触直接入口食品的人员应当进行健康检查,取得健康证明后方可上岗工作。(　　)

2 填空题

(1)从事接触直接入口食品工作的食品生产经营人员应当每年进行＿＿＿＿＿＿＿＿＿＿,取得＿＿＿＿＿＿＿＿＿＿后方可上岗工作。

(2)清洁操作区是指为防止食品受到污染,清洁程度要求较高的加工制作区域,包括＿＿＿＿＿＿＿＿＿、＿＿＿＿＿＿＿＿＿。

(3)餐饮服务企业应＿＿＿＿＿＿＿＿＿对其从业人员进行＿＿＿＿＿＿＿＿＿食品安全培训考核,特定餐饮服务提供者应＿＿＿＿＿＿＿＿＿对其从业人员进行＿＿＿＿＿＿＿＿＿食品安全培训考核。

(4)培训可采用＿＿＿＿＿＿＿＿＿、＿＿＿＿＿＿＿＿＿、＿＿＿＿＿＿＿＿＿等方式。考核可采用＿＿＿＿＿＿＿＿＿、＿＿＿＿＿＿＿＿＿、＿＿＿＿＿＿＿＿＿等方式。

(5)从业人员应在＿＿＿＿＿＿＿＿＿＿＿＿＿＿＿后方可上岗。

3 选择题((1)为单选题,(2)～(6)为多选题)

(1)接触直接入口食品的从业人员应当(　　)进行一次健康检查。

A.每6个月　　　B.每1年　　　　C.每18个月　　　D.每2年

(2)晨检时发现从业人员存在下列哪项病症,应立即将其调离接触直接入口食品的工作岗位?(　　)

A.发热　　　　　B.腹泻　　　　　C.皮肤伤口或感染　D.头晕

(3)国务院卫生行政部门规定的有碍食品安全的疾病包括(　　)。

A.霍乱、细菌性和阿米巴性痢疾　　　B.伤寒和副伤寒

C.病毒性肝炎(甲型、戊型)　　　　　D.活动性肺结核、化脓性或者渗出性皮肤病

(4)下列有关从业人员个人卫生的行为中正确的是(　　)。

A.穿戴清洁的工作衣帽　　　　　　B.头发不外露

C.留长指甲,涂指甲油　　　　　　D.饰物外露

(5)下列哪种情形不符合从业人员个人卫生要求?(　　)

A.未经更衣洗手直接进入加工间

B.将私人物品带入食品处理区

C.在食品处理区内吸烟、饮食

D.进入专间的人员洗手消毒后,穿戴专用的工作衣帽并佩戴口罩

(6)餐饮服务提供者依法应当履行的食品安全职责和义务包括(　　)。

A.持证经营,保持经营场所和条件持续符合食品安全要求

B.建立食品安全管理制度,配备食品安全管理人员,明确各岗位食品安全责任

C.组织职工进行食品安全培训,提高其守法经营意识,规范其经营行为

D.组织职工进行健康检查,及时调离患有有碍食品安全疾病或病症的人员

❹ 简答题

(1)餐饮从业人员的健康管理要求有哪些?

(2)餐饮从业人员的培训考核要求有哪些?

任务二　餐饮从业人员个人卫生的食品安全操作规范

任务目标

1.明确餐饮从业人员个人卫生食品安全操作规范的具体要求。

2.增强餐饮从业人员的食品安全意识。

任务导入

餐饮从业人员的卫生状况关系到餐品的食品安全

2018年8月,广西桂林发生了一件令人震惊的食物中毒事件。约有500名某学术会议代表在桂林某酒店食用晚餐后,很多用餐人员不同程度地出现了食物中毒症状,其中252人到医院就诊。桂林市疾病预防控制中心已确认此次食物中毒是由于沙门氏菌所致,并称该酒店"在食品留样不全不规范的情况下,最终在留样食品'卤味拼盘'及3名厨师肛拭子样品中检出与病人体内同型的沙门氏菌"。可见,该酒店在食品留样和厨师个人卫生管理等方面都存在问题。

餐饮从业人员的个人卫生是餐饮安全保证的重要一环。餐饮单位食品污染的一个重要来源就是餐饮从业人员。如果餐饮从业人员的体内或体表携带食源性病原体,就可以直接或间接通过接触过的加工设备、容器污染食品,进一步传播给消费者,引发食物中毒或其他食源性疾病。部分经常发生的致病性微生物食物中毒就是因为餐饮从业人员直接污染食品引起的。为了减少这种危险,应积极采取有效的措施,加强餐饮从业人员的个人卫生管理。下面我们就来共同完成今天的学习任务"餐饮从业人员个人卫生的食品安全操作规范"。

任务实施

一、人员卫生的食品安全操作规范

(一)个人卫生

(1)从业人员应保持良好的个人卫生。

(2)从业人员不得留长指甲、涂指甲油。工作时,应穿清洁的工作服,不得披散头发,佩戴的手表、手镯、手链、手串、戒指、耳环等饰物不得外露。

(3)食品处理区内的从业人员不应化妆,应戴清洁的工作帽,工作帽应能将头发全部遮盖。

(4)进入食品处理区的非加工制作人员,应符合从业人员卫生要求。

(二)口罩和手套

(1)专间和专用操作区的从业人员应佩戴清洁的口罩,口罩应遮住口鼻。专间是指以分隔方式设置的处理或短时间存放直接入口食品的专用加工制作间,包括冷食间、生食间、裱花间、中央厨房和集体用餐配送单位的分装或包装间等。

专用操作区是指以分离方式设置的处理或短时间存放直接入口食品的专用加工制作区域,包括现榨果蔬汁加工制作区、果蔬拼盘加工制作区、备餐区(指暂时放置、整理、分发成品的区域)等。

（2）其他接触直接入口食品的从业人员,宜佩戴清洁的口罩。

（3）如佩戴手套,佩戴前应对手部进行清洗消毒。手套应清洁、无破损,符合食品安全要求。手套使用过程中,应定时更换手套,出现要求重新洗手消毒的情形时,应在重新洗手消毒后更换手套。手套应存放在清洁卫生的位置,避免受到污染。

二、针对手部清洗消毒的食品安全操作规范

（1）从业人员在加工制作食品前,应洗净手部,手部清洗宜符合餐饮服务从业人员洗手消毒方法。

餐饮从业人员洗手消毒方法

一、洗手程序

（一）打开水龙头,用自来水(宜为温水)将双手弄湿。

（二）双手涂上皂液或洗手液等。

（三）双手互相搓擦20秒(必要时,以洁净的指甲刷清洁指甲)。工作服为长袖的应洗到腕部,工作服为短袖的应洗到肘部。

（四）用自来水冲净双手。

（五）关闭水龙头(手动式水龙头应用肘部或以清洁纸巾包裹水龙头将其关闭)。

（六）用清洁纸巾、卷轴式清洁抹手布或干手机干燥双手。

二、标准的清洗手部方法

1.掌心对掌心搓擦　　2.手指交错掌　　3.手指交错掌
　　　　　　　　　　　心对手背搓　　　心对掌心搓擦

4.两手互握互搓指背　5.拇指在掌中　　6.指尖在掌心中搓擦
　　　　　　　　　　　转动搓擦

三、标准的消毒手部方法

消毒手部前应先洗净手部,然后参照以下方法消毒。

方法一:将洗净后的双手在消毒剂水溶液中浸泡20～30秒,用自来水将双手冲净。

方法二:取适量的乙醇类速干手消毒剂于掌心,按照标准的清洗手部方法充分搓擦双手20～30秒,搓擦时保证手消毒剂完全覆盖双手皮肤,直至干燥。

（2）加工制作过程中,应保持手部清洁。出现下列情形时,应重新洗净手部:①加工制作不同类型和不同存在形式的食品前;②清理环境卫生、接触化学物品或不洁物品(落地的食品、受到污染的工具容器和设备、餐厨废弃物、钱币、手机等)后;③咳嗽、打喷嚏及擤鼻涕后;④进行使用卫生间、用

餐、饮水、吸烟等可能会污染手部的活动后。

（3）从事接触直接入口食品工作的从业人员，加工制作食品前应洗净手部并进行手部消毒，手部清洗消毒应符合餐饮服务从业人员洗手消毒方法。加工制作过程中，应保持手部清洁。出现下列情形时，应重新洗净手部并消毒：①接触非直接入口食品后；②触摸头发、耳朵、鼻子、面部、口腔或身体其他部位后；③其他应重新洗净手部的情形。

三、针对工作服的食品安全操作规范

（1）工作服宜为白色或浅色，应定点存放，定期清洗更换。从事接触直接入口食品工作的从业人员，其工作服宜每天清洗更换。

（2）食品处理区内加工制作食品的从业人员使用卫生间前，应更换工作服。

（3）工作服受到污染后，应及时更换。

（4）待清洗的工作服不得存放在食品处理区。

（5）清洁操作区与其他操作区从业人员的工作服应有明显的颜色或标识区分。

（6）专间内从业人员离开专间时，应脱去专间专用工作服。

任务检验

1 判断题　餐饮服务工作人员上卫生间后应洗净手部，接触直接入口食品的人员还应消毒手部。（　　）

2 填空题

（1）从业人员_____留长指甲、涂指甲油。工作时，应穿_____工作服，_____披散头发，佩戴的手表、手镯、手链、手串、戒指、耳环等饰物_____外露。

（2）食品处理区内的从业人员_____化妆，应戴_____工作帽，工作帽应能将头发_____遮盖住。

（3）工作服宜为_____或_____，应定点存放，定期清洗更换。从事接触直接入口食品工作的从业人员，其工作服宜_____清洗更换。

（4）食品处理区内加工制作食品的从业人员使用卫生间前，应_____工作服。

（5）清洁操作区与其他操作区从业人员的工作服应有明显的_____或_____区分。

（6）专间内从业人员离开专间时，应_____专间专用工作服。

3 选择题（多选）

（1）专用操作区内从业人员应佩戴清洁的口罩，可从事下列哪些操作？（　　）

A.现榨果蔬汁加工制作

B.果蔬拼盘加工制作

C.加工制作植物性冷食类食品（不含非发酵豆制品）

D.对预包装食品进行拆封、装盘、调味等简单加工制作后即供应的

E.调制供消费者直接食用的调味料

F.备餐

（2）出现下列哪些情形时，从事接触直接入口食品工作的从业人员应重新洗净手部并消毒？（　　）

A. 加工制作不同存在形式的食品前

B. 清理环境卫生、接触化学物品或不洁物品（落地的食品、受到污染的工具容器和设备、餐厨废弃物、钱币、手机等）后

C. 咳嗽、打喷嚏及擤鼻涕后

D. 进行使用卫生间、用餐、饮水、吸烟等可能会污染手部的活动后

E. 接触非直接入口食品后

F. 触摸头发、耳朵、鼻子、面部、口腔或身体其他部位后

（3）下列哪项加工制作必须在专间内进行？（　　　）

A. 加工制作冷食类食品　　　　　　　B. 加工制作生食类食品

C. 加工制作裱花蛋糕　　　　　　　　D. 加工制作饮料

（4）下列有关从业人员个人卫生的行为中正确的是（　　　）。

A. 穿戴清洁的工作衣帽　　　　　　　B. 头发不外露

C. 留长指甲，涂指甲油　　　　　　　D. 饰物外露

（5）下列哪种情形不符合从业人员个人卫生要求？（　　　）

A. 未经更衣洗手直接进入加工间

B. 将私人物品带入食品处理区

C. 在食品处理区内吸烟、饮食

D. 进入专间的人员洗手消毒后，穿戴专用的工作衣帽并佩戴口罩

4　简答题

（1）请问餐饮从业人员的个人卫生要求有哪些？

（2）请问餐饮从业人员哪些情况下需要佩戴口罩和手套？

（3）请问餐饮从业人员哪些情况下需要洗手？哪些情况下还需要进行手部消毒？

（4）请问对餐饮从业人员的工作服有哪些要求？

 任务拓展

请同学们演示、讲解手部清洗、消毒的方法。

任务三　烹饪原料采购岗位的食品安全操作规范

扫码听微课

 任务目标

1. 明确烹饪原料采购岗位食品安全操作规范的具体要求。

2. 增强烹饪原料采购岗位从业人员的食品安全意识。

 任务导入

某疾病预防控制中心接到报告：有 5 人在某区一家餐馆用餐后，发生食物中毒，正在医院救治。经过专家检查，结合临床中毒症状、检测指标，确认为农药甲拌磷中毒。后经调查，引起中毒的食物竟然是菜品中的羊肉，这让专家感到疑惑，因为甲拌磷一般是用于农作物种植，怎么会出现在羊肉中呢？经继续检查该餐馆进货记录，发现羊肉购买于街头流动商贩，货源不明。

该案例说明,在烹饪原料采购过程中,如果没有按照要求在正规场所采购食材,不进行"索证索票",查验相关票据、资质、许可证、检验检疫证等,极有可能导致食品安全事故的发生。烹饪原料采购过程中应遵守哪些操作规范呢?让我们一同走进今天的学习任务"烹饪原料采购岗位的食品安全操作规范"。

 **任务实施**

烹饪原料的采购工作是餐饮企业日常工作的重要内容之一,也是餐饮企业食品安全工作的重点之一。烹饪原料的采购会给餐饮企业带来"输入性"食品安全风险,比如说带有人畜共患病的畜禽肉类、残留农药超标的蔬菜水果、重金属超标的食材等,因此,采购岗位严格按照食品安全操作规范进行操作是十分重要的。

一、原料采购

(1)选择的供货者应具有相关合法资质。

按照《中华人民共和国食品安全法》规定,国家对食品生产经营实行许可制度。从事食品生产、食品销售、餐饮服务,应当依法取得许可。但是,销售食用农产品,不需要取得许可。

(2)特定餐饮服务提供者应建立供货者评价和退出机制,对供货者的食品安全状况等进行评价,将符合食品安全管理要求的列入供货者名录,及时更换不符合要求的供货者。鼓励其他餐饮服务提供者建立供货者评价和退出机制。

(3)特定餐饮服务提供者应自行或委托第三方机构定期对供货者食品安全状况进行现场评价。

(4)鼓励建立固定的供货渠道,与固定供货者签订供货协议,明确各自的食品安全责任和义务。鼓励根据每种原料的安全特性、风险高低及预期用途,确定对其供货者的管控力度。

二、原料运输

(1)运输前,对运输车辆或容器进行清洁,防止食品受到污染。运输过程中,做好防尘、防水,食品与非食品、不同类型的食品原料(动物性食品、植物性食品、水产品)应分隔,食品包装完整、清洁,防止食品受到污染。

(2)运输食品的温度、湿度应符合相关食品安全要求。

(3)不得将食品与有毒有害物品混装运输,运输食品和运输有毒有害物品的车辆不得混用。

三、随货证明文件查验

(1)从食品生产者采购食品的,查验其食品生产许可证和产品合格证明文件等;采购食品添加剂、食品相关产品的,查验其营业执照和产品合格证明文件等。

(2)从食品销售者(商场、超市、便利店等)采购食品的,查验其食品经营许可证等;采购食品添加剂、食品相关产品的,查验其营业执照等。

(3)从食用农产品个体生产者直接采购食用农产品的,查验其有效身份证明。

(4)从食用农产品生产企业和农民专业合作经济组织采购食用农产品的,查验其社会信用代码和产品合格证明文件。

(5)从集中交易市场采购食用农产品的,索取并留存市场管理部门或经营者加盖公章(或负责人签字)的购货凭证。

(6)采购畜禽肉类的,还应查验动物产品检疫合格证明;采购猪肉的,还应查验肉品品质检验合格证明。

(7)实行统一配送经营方式的,可由企业总部统一查验供货者的相关资质证明及产品合格证明文件,留存每笔购物或送货凭证。各门店能及时查询、获取相关证明文件复印件或凭证。

(8)采购食品、食品添加剂、食品相关产品的,应留存每笔购物或送货凭证。

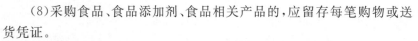 **任务检验**

1 判断题

(1)餐饮服务提供者采购蔬菜水果时可以到商场、超市、蔬菜水果种植基地、批发市场采购,采购时要查验蔬菜水果的感官性状。( )

(2)餐饮服务提供者采购肉类时可以到屠宰场、商场、超市采购,在屠宰场采购的应当索取肉品的检疫合格证明。( )

(3)餐饮服务提供者不得采购来源不明、标识不清、感官性状异常的食用油。( )

(4)餐饮服务提供者经营的酒水饮料可以从取得许可证的生产企业、商场超市采购,不得销售假酒。( )

(5)餐饮服务企业采购食品,应保存购货凭证,如实记录食品的名称、数量、进货日期等内容。( )

(6)实行统一配送经营方式的餐饮服务企业,可以由企业总部统一查验供货者的许可证和产品合格证明文件,进行食品进货查验。( )

2 填空题

(1)按照《中华人民共和国食品安全法》规定,国家对食品生产经营实行_____制度。从事食品生产、食品销售、餐饮服务,应当依法取得许可。但是,销售_____,不需要取得许可。

(2)运输前,对运输车辆或容器进行_____,防止食品受到污染。运输过程中,做好防尘、防水,食品与非食品、不同类型的食品原料(动物性食品、植物性食品、水产品)应_____,食品包装完整、清洁,防止食品受到污染。

(3)不得将食品与有毒有害物品_____运输,运输食品和运输有毒有害物品的车辆不得_____。

(4)从食品生产者采购食品的,查验其_____和_____等;采购食品添加剂、食品相关产品的,查验其_____和_____等。

(5)从食品销售者(商场、超市、便利店等)采购食品的,查验其_____等;采购食品添加剂、食品相关产品的,查验其_____等。

(6)从食用农产品个体生产者直接采购食用农产品的,查验其_____。

(7)从食用农产品生产企业和农民专业合作经济组织采购食用农产品的,查验其_____和_____。

(8)从集中交易市场采购食用农产品的,索取并留存市场管理部门或经营者_____(或_____)的_____。

(9)采购畜禽肉类的,还应查验_____;采购猪肉的,还应查验_____。

(10)实行统一配送经营方式的,可由企业总部统一查验供货者的_____及_____,留存每笔购物或送货凭证。各门店能及时查询、获取相关证明文件复印件或凭证。

(11)采购食品、食品添加剂、食品相关产品的,应留存_____或_____。

③ 选择题(1～2 为单选题,3～7 为多选题)

(1)食品的进货查验记录和进货凭证保存期限不得少于产品保质期满后( )。

A.3 个月　　　　　　　　　　　B.6 个月,没有明确保质期的不少于 24 个月

C.12 个月　　　　　　　　　　　D.18 个月

(2)关于食品储存、运输的做法不正确的是( )。

A.装卸食品的容器、工具、设备应当安全、无毒无害、保持清洁

B.防止食品在储存、运输过程中受到污染

C.食品储存、运输温度符合食品安全要求

D.将食品与有毒有害物品一起运输

(3)禁止采购使用下列哪类肉类及其制品?( )

A.病死的　　　　　　　　　　　B.毒死的

C.死因不明的　　　　　　　　　D.未经检验或者检疫不合格的

(4)不得将食品与下列哪项物质一同储存、运输?( )

A.食品添加剂　　　B.餐饮具　　　　C.有毒物品　　　　D.有害物品

(5)餐饮服务提供者采购国内食品生产企业生产的预包装食品时,应当查验下列哪项内容?

( )

A.食品的名称、规格、净含量　　　B.食品的生产日期、保质期

C.生产者的名称、地址、联系方式　D.生产许可证编号、产品标准代号

(6)餐饮服务提供者购买下列哪项物品时应当实行进货查验制度?( )

A.食品　　　　　　　　　　　　B.食品洗涤剂、消毒剂

C.桌椅板凳　　　　　　　　　　D.杀虫剂

(7)餐饮服务企业采购食品原料时应当遵守以下哪项要求?( )

A.查验供货者的许可证、食品检验合格证明

B.检查原料感官性状,不采购《中华人民共和国食品安全法》禁止生产经营的食品

C.按规定索取并留存购物凭证

D.按规定记录采购食品的相关信息

④ 简答题

(1)请简述烹饪原料采购过程中的食品安全操作规范。

(2)请简述烹饪原料随货证明文件查验过程中的食品安全操作规范。

任务拓展

请询问了解学校食堂采购的流程及要求,结合课堂内容讲解、提问、讨论、学习。

任务四　烹饪原料库房管理岗位的食品安全操作规范

任务目标

1.明确烹饪原料库房管理岗位食品安全操作规范的具体要求。

2.增强烹饪原料库房管理岗位从业人员的食品安全意识。

任务导入

某镇小学学生在饮用该镇学生奶服务部当日生产供应的花生豆浆约 20 分钟后,相继出现头晕、

腹痛、乏力等症状,2～3天内病人骤然增多,共计发病达1030人。经调查,诊断为集体食用霉变花生、大豆所致氯乙酰胺中毒。后经发现,该库房未按要求存放食品原料,使原料中产生大量霉变的花生和大豆。

该案例说明,在食品储存的库房管理过程中,如果没有按照要求存放和检查,很有可能导致食品安全事故的发生。库房管理过程应遵守哪些操作规范呢?让我们一同走进今天的学习任务"烹饪原料库房管理岗位的食品安全操作规范"。

任务实施

库房是餐饮经营单位专门用于储藏、存放食品原料的场所。为保障原料在储存的过程中不发生腐败变质而导致食物安全性和品质下降,库房管理人员必须严格按照相应的操作规范进行操作。

一、入库查验和记录

1 外观查验标准

(1)预包装食品的包装应完整、清洁、无破损,标识与内容物一致。

(2)冷冻食品无解冻后再次冷冻情形。

(3)具有正常的感官性状。

(4)食品标签标识符合相关要求。

(5)食品在保质期内。

2 温度查验标准　查验期间,尽可能减少食品的温度变化。

(1)冷藏食品表面温度与标签标识的温度要求不得超过+3 ℃,冷冻食品表面温度不宜高于-9 ℃。

(2)无具体要求且需冷冻或冷藏的食品,其温度可参考下表的相关温度要求。

①餐饮服务业食品原料建议存储温度——蔬菜类。

种类	环境温度	涉及产品范围
根茎菜类	0～5 ℃	蒜薹、大蒜、长柱山药、土豆、辣根、芜菁、胡萝卜、萝卜、竹笋、芦笋、芹菜
	10～15 ℃	扁块山药、生姜、甘薯、芋头
叶菜类	0～3 ℃	结球生菜、直立生菜、紫叶生菜、油菜、奶白菜、菠菜(尖叶型)、茼蒿、小青葱、韭菜、甘蓝、抱子甘蓝、菊苣、乌塌菜、小白菜、芥蓝、菜心、大白菜、羽衣甘蓝、莴笋、欧芹、茭白、牛皮菜
瓜菜类	5～10 ℃	佛手瓜和丝瓜
	10～15 ℃	黄瓜、南瓜、冬瓜、冬西葫芦(笋瓜)、矮生西葫芦、苦瓜
茄果类	0～5 ℃	红熟番茄和甜玉米
	9～13 ℃	茄子、绿熟番茄、青椒
食用菌类	0～3 ℃	白灵菇、金针菇、平菇、香菇、双孢菇
	11～13 ℃	草菇
菜用豆类	0～3 ℃	甜豆、荷兰豆、豌豆
	6～12 ℃	四棱豆、扁豆、芸豆、豇豆、豆角、毛豆荚、菜豆

②餐饮服务业食品原料建议存储温度——水果类。

种类	环境温度	涉及产品范围
核果类	0~3 ℃	杨梅、枣、李、杏、樱桃、桃
	5~10 ℃	橄榄、芒果（催熟果）
	13~15 ℃	芒果（生果实）
仁果类	0~4 ℃	苹果、梨、山楂
浆果类	0~3 ℃	葡萄、猕猴桃、石榴、蓝莓、柿子、草莓
柑橘类	5~10 ℃	柚类、宽皮柑橘类、甜橙类
	12~15 ℃	柠檬
瓜类	0~10 ℃	西瓜、哈密瓜、甜瓜、香瓜
热带、亚热带水果	4~8 ℃	椰子、龙眼、荔枝
	11~16 ℃	红毛丹、菠萝（绿色果）、番荔枝、木菠萝、香蕉

③餐饮服务业食品原料建议存储温度——畜禽肉类。

种类	环境温度	涉及产品范围
畜禽肉（冷藏）	−1~4 ℃	猪、牛、羊和鸡、鸭、鹅等肉制品
畜禽肉（冷冻）	−12 ℃以下	猪、牛、羊和鸡、鸭、鹅等肉制品

④餐饮服务业食品原料建议存储温度——水产品。

种类	环境温度	涉及产品范围
水产品（冷藏）	0~4 ℃	罐装冷藏蟹肉、鲜海水鱼
水产品（冷冻）	−15 ℃以下	冻扇贝、冻裹面包屑虾、冻虾、冻裹面包屑鱼、冻鱼、冷冻鱼糜、冷冻银鱼
水产品（冷冻）	−18 ℃以下	冻罗非鱼片、冻烤鳗、养殖红鳍东方鲀
水产品（冷冻生食）	−35 ℃以下	养殖红鳍东方鲀

二、原料储存

（1）分区、分架、分类、离墙、离地存放食品。

（2）分隔或分离储存不同类型的食品原料。

（3）在散装食品（食用农产品除外）储存位置，应标明食品的名称、生产日期或者生产批号、使用期限等内容，宜使用密闭容器储存。

（4）按照食品安全要求储存原料。有明确的保存条件和保质期的，应按照保存条件和保质期储存。保存条件、保质期不明确的及开封后的，应根据食品品种、加工制作方式、包装形式等针对性确定适宜的保存条件（需冷藏冷冻的食品原料可参照上表确定保存温度）和保存期限，并应建立严格的记录制度来保证不存放和使用超过保质期的食品或原料，防止食品腐败变质。

（5）及时冷冻（藏）储存采购的冷冻（藏）食品，减少食品的温度变化。

(6)冷冻储存食品前,宜分割食品,避免使用时反复解冻、冷冻。

(7)冷冻(藏)储存食品时,不宜堆积、挤压食品。

三、出库要求和记录

(1)遵循先进、先出、先用的原则使用食品原料、食品添加剂、食品相关产品。

(2)发现腐败变质等感官性状异常、超过保质期等的食品原料、食品添加剂、食品相关产品,应及时清理,不能出库使用。

(3)及时做好出库记录,做到时间、物品、人员等记录完善和准确。

任务检验

1 判断题

(1)餐饮服务提供者应当定期检查库存食品,及时清理变质或者超过保质期的食品。(   )

(2)可以在储存食品原料的场所内存放个人生活物品。(   )

(3)低温能彻底杀灭微生物,所以冰箱可用来长期保存食品。(   )

(4)食品的冷藏温度要求和冷冻温度要求是一样的。(   )

2 填空题

(1)预包装食品的包装应_____、_____、_____,标识与内容物一致。

(2)冷藏食品表面温度与标签标识的温度要求不得超过_____,冷冻食品表面温度不宜高于_____。

(3)分_____、分_____、分_____离_____、离_____存放食品。

(4)冷冻储存食品前,宜_____,避免使用时_____、_____。

(5)冷冻(藏)储存食品时,不宜_____、_____食品。

(6)遵循_____、_____、_____的原则使用食品原料、食品添加剂、食品相关产品。

3 选择题((1)~(2)为单选题,(3)为多选题)

(1)餐饮服务提供者在散装食品的储存位置可以不标明哪项内容?(   )

A. 食品的名称   B. 食品的生产日期或生产批号

C. 食品的成分或者配料表   D. 保质期

(2)下列关于过期食品处置措施正确的是(   )。

A. 尽快使用   B. 降价销售   C. 禁止使用   D. 混合使用

(3)将食品离地、离墙储存是为了(   )。

A. 便于存取   B. 通风防潮

C. 防止有害生物藏匿   D. 便于检查和清洁

4 简答题

(1)请简述烹饪原料库房管理岗位外观查验过程中的食品安全操作规范。

(2)请简述烹饪原料库房管理岗位温度查验过程中的食品安全操作规范。

(3)请简述烹饪原料库房管理岗位原料储存过程中的食品安全操作规范。

任务拓展

请参观学校食堂库房,结合课堂内容讲解、提问、讨论、学习。

任务五 食品添加剂使用的食品安全操作规范

 **任务目标**

1. 理解食品添加剂的概念。
2. 了解食品添加剂的功能分类。
3. 掌握餐饮操作环节中食品添加剂的使用要求。
4. 了解餐饮操作环节中食品添加剂使用存在的主要问题。
5. 增强食品添加剂依法使用的法律意识，提高保障食品安全的能力。

 **任务导入**

厨房里的食品添加剂

随着食品工业的不断发展，现在出现在厨房里的各种复合调味品和食品半成品越来越多。就以常见的鸡精来说，可以说是味精升级后的复合调味料，看看上面食品标签中的配料表，不难发现其中的食品添加剂赫然在列。还有其他的各种复合调味酱汁，基本也是如此。罐装或袋装的各种食品半成品，如火腿肠、藕片、小拌菜、玉米罐头等，其中食品添加剂也是必不可少的。除了这些复合调味品和食品半成品之外，面点制作中也少不了膨松剂、改良剂等食品添加剂的使用。我国有 2000 多种食品添加剂在使用，其中少部分会出现在厨房当中，我们有必要掌握相关法律在餐饮服务中对食品添加剂的有关规定，防止因食品添加剂的违规使用而触犯法律。下面我们就进入今天的学习任务"食品添加剂使用的食品安全操作规范"。

任务实施

一、食品添加剂的概念及分类

1 概念 食品添加剂是为改善食品品质和色、香、味，以及为防腐、保鲜和加工工艺的需要而加入食品中的人工合成或者天然物质。食品用香料、胶基糖果中基础剂物质、食品工业用加工助剂也包括在内。

2 分类 按照食品添加剂的功能可分为以下类别。

（1）酸度调节剂：用以维持或改变食品酸碱度的物质。如柠檬酸、酒石酸、苹果酸等。

（2）抗结剂：用于防止颗粒或粉状食品聚集结块，保持其松散或自由流动的物质。如硅酸钙、二氧化硅、碳酸镁等。

（3）消泡剂：在食品加工过程中降低表面张力，消除泡沫的物质。如聚氧丙烯甘油醚、蔗糖脂肪酸酯等。

（4）抗氧化剂：能防止或延缓油脂或食品成分氧化分解、变质，提高食品稳定性的物质。如丁基羟基茴香醚、二丁基羟基甲苯、没食子酸丙酯等。

（5）漂白剂：能够破坏、抑制食品的发色因素，使其褪色或使食品免于褐变的物质。如二氧化硫、焦亚硫酸钾、焦亚硫酸钠等。

（6）膨松剂：在食品加工过程中加入的，能使产品形成致密多孔组织，从而使制品膨松、柔软或酥脆的物质。如碳酸氢钠、碳酸氢铵、复合膨松剂等。

（7）胶基糖果中基础剂物质：赋予胶基糖果起泡、增塑、耐咀嚼等作用的物质。如蜂蜡、糖胶树

扫码听微课

Note

胶、巴拉塔树胶等。

（8）着色剂：使食品赋予色泽和改善食品色泽的物质。如胭脂红、苋菜红、柠檬黄等。

（9）护色剂：能与肉及肉制品中呈色物质作用，使之在食品加工、保藏等过程中不致分解、破坏，呈现良好色泽的物质。如硝酸钠、硝酸钾、亚硝酸钠、亚硝酸钾等。

（10）乳化剂：能改善乳化体中各种构成相之间的表面张力，形成均匀分散体或乳化体的物质。如乳酸脂肪酸甘油酯、柠檬酸脂肪酸甘油酯、酶解大豆磷脂等。

（11）酶制剂：由动物或植物的可食或非可食部分直接提取，或由传统或通过基因修饰的微生物（包括但不限于细菌、放线菌、真菌菌种）发酵、提取制得，用于食品加工，具有特殊催化功能的生物制品。如淀粉酶、果胶酶、菠萝蛋白酶等。

（12）增味剂：补充或增强食品原有风味的物质。如谷氨酸钠、5′-鸟苷酸二钠、5′-肌苷酸二钠等。

（13）面粉处理剂：促进面粉的熟化和提高制品质量的物质。如偶氮甲酰胺、碳酸钙、碳酸镁等。

（14）被膜剂：涂抹于食品外表，起保质、保鲜、上光、防止水分蒸发等作用的物质。如紫胶（虫胶）、白油（液体石蜡）、吗啉脂肪酸盐（果蜡）等。

（15）水分保持剂：有助于保持食品中水分而加入的物质。如甘油、乳酸钾、三聚磷酸钠等。

（16）防腐剂：防止食品腐败变质、延长食品储存期的物质。如苯甲酸钠、山梨酸钾、二氧化硫、乳酸等。

（17）稳定剂和凝固剂：使食品结构稳定或使食品组织结构不变，增强黏性固形物的物质。如硫酸钙（石膏）、氯化钙等。

（18）甜味剂：赋予食品甜味的物质。如糖精钠、甜蜜素、甜菊糖苷等。

（19）增稠剂：可以提高食品的黏稠度或形成凝胶，从而改变食品的物理性状，赋予食品黏润、适宜的口感，并兼有乳化、稳定或使其呈悬浮状态作用的物质。如明胶、黄原胶、阿拉伯胶等。

（20）食品用香料：能够用于调配食品香精，并使食品增香的物质。如香兰素、乙基香兰素和香荚兰豆浸膏等。

（21）食品工业用加工助剂：有助于食品加工能顺利进行的各种物质，与食品本身无关。如助滤、澄清、吸附、脱模、脱色、脱皮、提取溶剂等。如活性炭、丹宁、丙二醇等。

（22）其他：具有上述功能类别中不能涵盖的其他功能的食品添加剂。

二、餐饮服务中食品添加剂使用的食品安全操作规范

（1）不应对人体产生任何健康危害。

（2）不应掩盖食品腐败变质。

（3）不应掩盖食品本身或加工过程中的质量缺陷或以掺杂、掺假、伪造为目的而使用食品添加剂。

（4）不应降低食品本身的营养价值。

（5）在技术上确有必要，并在达到预期效果的前提下尽可能降低使用量。

（6）按照《食品安全国家标准 食品添加剂使用标准》规定的食品添加剂品种、使用范围、使用量，使用食品添加剂。餐饮服务单位不得采购、储存、使用亚硝酸盐（包括亚硝酸钠、亚硝酸钾）。

（7）专柜（位）存放食品添加剂，并标注"食品添加剂专柜"字样。使用容器盛放拆包后的食品添加剂的，应在盛放容器上标明食品添加剂名称，并保留原包装。

（8）应专册记录使用的食品添加剂名称、生产日期或批号及添加的食品品种、添加量、添加时间、操作人员等信息，《食品安全国家标准 食品添加剂使用标准》规定按生产需要适量使用的食品添加剂除外。使用有《食品安全国家标准 食品添加剂使用标准》"最大使用量"规定的食品添加剂，应精准称量使用。

食品添加剂使用记录表格(示例)

序号	使用日期	食品添加剂名称	生产者	生产日期	使用量	功能(用途)	制作食品名称	制作食品量	使用人	备注

三、餐饮服务环节中食品添加剂使用存在的主要问题

1 非法添加非食用物质　餐饮业可能违法添加的非食用物质和非食品级添加剂如下。

(1)硼酸与硼砂:用于腐竹、肉丸、米粉、凉粉、凉皮、湿面条、饺子皮等。

(2)甲醛(吊白块):用于腐竹、粉丝、面粉、竹笋、米粉、水发产品等。

(3)罂粟壳:用于火锅底料、卤汁、汤料、小吃等。

(4)工业用明矾和碳酸氢钠:用于面制品。

(5)工业染料:用于肉制品和糕点等食品着色。

(6)工业用火碱和双氧水(过氧化氢):用于水发产品。

(7)一氧化碳:用于金枪鱼、三文鱼。

(8)工业明胶:肉皮冻等。

> **典型案例:** 2016年2月,在前期排摸基础上,某市市场监督管理局联合市公安局,对辖区内餐饮店非法添加罂粟成分进行专项检查,在8000余家餐饮店中,查获34家餐饮店涉嫌使用罂粟壳等原料,该局立案调查后移送公安局,共有54名涉案人员被采取刑事措施或受到行政处罚。
>
> **案件警示:** 本案是典型的餐饮环节添加非食用物质案件。罂粟壳添加后味道鲜美且可能成瘾。餐饮经营者为吸引消费者,在食品中非法添加罂粟壳、梗等的行为,触犯了刑法,构成犯罪,必然受到严惩。

2 滥用食品添加剂(超范围使用或超限量使用)

(1)滥用人工合成色素:包括苋菜红、胭脂红、赤藓红、新红、诱惑红、柠檬黄、日落黄、亮蓝、靛蓝、叶绿素铜钠盐等,易滥用于熟肉制品、面点糕点、腌菜、泡菜。要求:除用于部分饮品加工和糕点表面的修饰外,严禁餐饮服务单位在食品加工制作中使用人工合成色素和含有人工合成色素的食品调味剂(包括某些品种的吉士粉、果味膏、叉烧汁、烧味汁、茄汁等)。

(2)滥用膨松剂:包括碳酸氢钠(小苏打)、碳酸氢铵(臭粉)、明矾、泡打粉等,易滥用于油条、馒头等面点。品种:碳酸氢钠(小苏打)、碳酸氢铵(臭粉)、轻质碳酸钙(碳酸钙)、硫酸铝铵(铵明矾)、硫酸铝钾(钾明矾)、磷酸氢钙、酒石酸氢钾及复合膨松剂塔塔粉、泡打粉(成分:硫酸铝钠、碳酸氢钠、碳酸钙、磷酸钙、淀粉)等。要求:①膨松剂品种首选使用配料中不含铝成分的酵母粉、塔塔粉、泡打粉等食品添加剂。②严格控制用量,厨师不能仅凭经验过量添加,应使用精密称量工具,并注意一定要混合均匀,以防止铝含量超标(抽检成品中铝含量不得超过100 mg/kg)。③避免同时使用多种膨松剂。

（3）易滥用的其他食品添加剂：①护色剂（硝酸钠、亚硝酸钠）：易滥用于熟肉制品，目前餐饮业已禁止使用亚硝酸盐。②防腐剂：即食食品加工过程中禁止使用。③硫黄等漂白剂：易滥用于馒头、米粉等。④甜味剂（糖精钠、甜蜜素等）：易滥用于糕点、饮料等，要求餐饮企业特别是集体食堂不宜使用合成甜味剂作为糖类替代品。

典型案例： 2012年7月，某市食品药品监管部门对某酒店进行检查，查阅该酒店食品添加剂使用台账时发现其涉嫌在叉烧、白切鸡等熟肉制品加工中使用日落黄、柠檬黄等人工合成色素。经询问厨师证实其存在滥用人工合成色素加工肉制品的违法行为，并且因不知是违法行为而进行了使用记录。

案件警示： 本案是典型的餐饮环节滥用人工合成色素案件。人工合成色素除用于部分饮品加工和糕点表面的修饰外，严禁餐饮服务单位在食品加工制作中使用。餐饮经营者和厨师因不学法、不懂法、不用法，必将面临法律的制裁。

餐饮服务中
食品添加剂
使用的相关
法律法规

❸ 使用不符合要求的食品添加剂

（1）食品添加剂的标签、标识不符合要求：是否是通用名称，是否注明"食品添加剂"字样，是否注明食品添加剂使用范围、用量和使用方法以及生产许可证编号等内容。

（2）食品添加剂的质量不符合标准：有效成分的含量、重金属残留等理化指标不符合标准。

任务检验

❶ 判断题

（1）餐饮服务提供者不得采购、储存、使用亚硝酸盐。（　　）

（2）餐饮服务提供者可以在食品库房内存放杀虫剂、鼠药。（　　）

（3）添加了食品添加剂的食品一定不安全。（　　）

（4）天然食品添加剂一定比化学合成的食品添加剂更安全。（　　）

（5）采购的食品添加剂标签上应该注明"食品添加剂"字样。（　　）

❷ 填空题

（1）按照《食品安全国家标准 食品添加剂使用标准》规定的食品添加剂品种、使用范围、使用量，使用食品添加剂。餐饮服务单位不得采购、储存、使用_____。

（2）人工合成色素除用于部分饮品加工和糕点表面的修饰外，严禁_____在食品加工制作中使用。

（3）即食食品加工中禁止使用_____。

❸ 选择题（（1）～（2）为单选题，（3）～（6）为多选题）

（1）下列不属于食品原料的物质是（　　）。

A. 罂粟壳　　　　B. 黑胡椒　　　　　　C. 橘子罐头　　　　　　D. 中式腊肠

（2）餐饮服务提供者加工食品时可以添加（　　）。

A. 药品　　　　　　　　　　　　　　　　　B. 任何中药材

C. 按照传统既是食品又是中药材的物质　　　D. 少数西药

（3）下列哪项物质为食品生产经营活动中禁止使用的非食用物质？（　　）

A. 硼砂　　　　B. 罂粟壳　　　　C. 酸性橙（金黄粉）　　D. 柠檬黄

（4）下列哪项物质为食品生产经营活动中禁止使用的非食用物质？（　　）

A.吊白块　　　　　B.甲醛　　　　　C.苏丹红　　　　　D.三聚氰胺

（5）禁止餐饮服务提供者采购、使用的食品添加剂为（　　）。

A.亚硝酸钠　　　　B.亚硝酸钾　　　　C.硫酸铝钾　　　　D.硫酸铝铵

（6）餐饮服务提供者加工制作菜品时，应符合下列哪项规定？（　　）

A.可以添加西药　　　　　　　　　　　　B.可以添加中草药

C.可以添加按照传统既是食品又是中药材的物质　　　D.不添加药品

④ 简答题

（1）请简述食品添加剂的概念及分类。

（2）请简述餐饮服务环节中食品添加剂的使用要求。

（3）请举例说明餐饮服务环节中食品添加剂使用存在的主要问题。

任务六　烹饪原料初加工岗位的食品安全操作规范

任务目标

1.明确烹饪原料初加工岗位食品安全操作规范的具体要求。

2.增强烹饪原料初加工岗位从业人员的食品安全意识，提高保障食品安全的能力。

扫码听微课

任务导入

在某市一家西餐厅内，有27人因食用该餐厅被污染的凉拌卷心菜而感染产志贺样毒素大肠杆菌。当地食品安全监管部门报告，该餐厅用一批软化、叶子腐烂、严重污染的甘蓝加工了4千克凉拌卷心菜。按正确加工程序，应先去除甘蓝上腐烂的叶子，然后再用水冲洗。但据调查发现，这批用来制作凉拌卷心菜的甘蓝并没有事先用水清洗，而是直接切碎后与其他原料、调料一起放进消毒的塑料桶里搅拌均匀，在午餐自助柜上出售。

该案例说明，在烹饪原料初加工过程中，如果没有采取正确的挑拣、清洗、切配等程序，仍然有可能导致食品安全危害的发生。烹饪原料在初加工过程中应遵守哪些操作规范呢？让我们一同走进今天的学习任务"烹饪原料初加工岗位的食品安全操作规范"。

任务实施

一、烹饪原料初加工

烹饪原料初加工主要指对烹饪原料进行挑拣、整理、解冻、清洗、剔除不可食用部分等的加工制作。

二、烹饪原料初加工过程的食品安全操作规范

❶ 不同类别原料在初加工过程中的食品安全操作规范

（1）蔬菜类：应先进行挑拣，去除粗老组织，之后浸泡清洗，提倡使用蔬菜清洗机械，如臭氧蔬菜清洗机，可以更好地去除表面的微生物和残留农药。

（2）禽蛋类：使用禽蛋类前，应清洗禽蛋类的外壳，必要时消毒外壳。蛋壳破后应单独存放在暂存容器内，确认禽蛋类未变质后再合并存放。

禽蛋类表面微生物数量很多，尤其是沙门氏菌，所以在使用之前应清洗外壳，必要时消毒，对于破壳蛋应单独打开盛放，防止出现交叉污染。

（3）干货涨发类原料：动植物干货涨发后，容易滋生微生物发生腐败变质，不能长期存放。如果出现变色、变味、腐烂、霉斑等现象，应及时丢弃，不能再加工利用。

（4）半成品原料：半成品原料应有专门的盛放容器和存放空间，应及时使用或冷冻（藏）储存切配好的半成品，并尽快加工利用完毕，发现变质时应立即丢弃不可再用。

2 初加工过程中冷冻（藏）环节的食品安全操作规范

（1）冷冻食品出库后，宜使用冷藏解冻或冷水解冻方法进行解冻，解冻时合理防护，避免受到污染。使用微波解冻方法的，解冻后的食品原料应被立即加工制作。

解冻的目的是使原材料恢复冷冻前的状态，所以最好采用冷藏解冻或冷水解冻的方法，这样细胞能较好地恢复到初始状态，水分及水溶性营养素不至于大量流失导致口感变差。微波解冻方法效率较高，为防止食品污染，解冻后应尽快加工利用。

（2）应缩短解冻后的高危易腐食品原料在常温下的存放时间，食品原料的表面温度不宜超过冷藏温度（一般为 0～8 ℃）。

冷藏温度至 60 ℃ 是高危易腐食品存储的危险温度带，容易滋生微生物，所以解冻后应尽快加工利用。高危易腐食品指蛋白质或碳水化合物含量较高（通常酸碱度（pH 值）大于 4.6 且水分活度（Aw）大于 0.85），常温下容易腐败变质的食品。如鱼、虾等水产品。

（3）冷冻（藏）食品出库后，应及时加工制作。冷冻食品原料不宜反复解冻、冷冻。

冷冻（藏）食品出库后，因为环境温度的变化，空气中水分很快会在原料表面凝结形成水膜，为微生物快速生长繁殖提供了有利条件，因此应尽快加工利用。原料反复冷冻、解冻，不仅加大了食品安全风险，而且原料的适口性、营养价值都会降低。

3 初加工过程中工具和容器使用的食品安全操作规范　原料加工和盛放应该分类使用不同的工具和容器。盛放或加工制作畜肉类原料、禽肉类原料及蛋类原料的工具和容器宜分开使用，尤其是植物性原料和动物性原料的加工工具和盛放容器应该严格区分并隔离，避免出现交叉污染。盛放干净原料的容器不能直接放于地面，应该放在专用存放架上。

任务检验

1 填空题

（1）烹饪原料初加工指对原料进行＿＿＿＿＿＿、＿＿＿＿＿＿、＿＿＿＿＿＿、＿＿＿＿＿＿剔除不可食用部分等的加工制作。

（2）原料反复冷冻、解冻，不仅加大了＿＿＿＿＿＿＿＿＿＿＿＿＿＿，而且原料的＿＿＿＿＿＿＿＿、
＿＿＿＿＿＿＿＿＿＿＿＿都会降低。

（3）＿＿＿＿＿＿＿＿是高危易腐食品存储的危险温度带，容易滋生微生物，所以解冻后应尽快加工利用。

2 简答题 请简述烹饪原料初加工制作过程的食品安全操作规范。

任务拓展

请参观学校食堂初加工间,结合课堂内容讲解、提问、讨论、学习。

任务七 冷食制作岗位的食品安全操作规范

任务目标

1. 明确冷食制作岗位的食品安全操作规范的具体要求。
2. 增强冷食制作岗位从业人员的食品安全意识,提高保障食品安全的能力。

扫码听微课

任务导入

凉菜是食品安全事件"高发区"

在吃货看来,饭店烧热菜安全,那么凉菜也不会有问题。实际不然,凉菜比热菜的食品安全风险往往更高。

凉菜看似简单易制,其实对加工条件要求很高,由于它属于冷加工,食用之前不会再被加热,缺少灭菌环节,在制售中稍稍储存不当,就会被细菌污染,很容易引发食物中毒,特别是夏季,温度高、湿度大,如果制作、储存不当,食物本来更容易变质,风险更高。此外,如果凉菜制作时没有遵循生熟分开原则,也很容易造成交叉污染。

事实上,因违规制作销售凉菜,造成食客腹泻、中毒等案例非常多,相关处罚案例也比比皆是,只是大家不注意罢了。并且,根据市场监管部门的抽查结果,凉菜类食品的合格率比较低,部分销售凉菜的餐厅卫生状况堪忧。

正因为其风险高,所以法规上对于制作凉菜有更高的要求。

任务实施

冷食的广泛定义为不需要加热即可食用的或者已经加热但经过冷却且没有热度的食物。如餐饮企业中售卖的凉菜、冷荤、熟食、卤味等均属于冷食类。

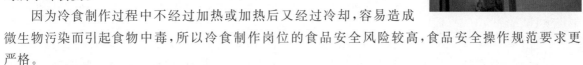

因为冷食制作过程中不经过加热或加热后又经过冷却,容易造成微生物污染而引起食物中毒,所以冷食制作岗位的食品安全风险较高,食品安全操作规范要求更严格。

一、冷食制作要求在专间内进行

1 专间 指以分隔方式设置的处理或短时间存放直接入口食品的专用加工制作间,包括冷食间、生食间、裱花间、中央厨房和集体用餐配送单位的分装或包装间等。

2 专间设施要求

(1)专间应为独立隔间,专间内应设有专用工具容器清洗消毒设施和空气消毒设施,专间内温度应不高于 25 ℃,应设有独立的空调设施。

(2)以紫外线灯作为空气消毒设施的,紫外线灯(波长 200～275 nm)应按功率不小于 1.5 W/m³

设置,紫外线灯应安装反光罩,强度大于 70 μW/cm^2。专间内紫外线灯应分布均匀,悬挂于距离地面 2 m 以内高度。

(3)专间应设有专用冷藏设施。需要直接接触成品的用水,宜通过符合相关规定的水净化设施或设备。中央厨房专间内需要直接接触成品的用水,应加装水净化设施。

(4)专间应设一个门,如有窗户应为封闭式(传递食品用的除外)。专间内外食品传送窗口应可开闭,大小宜以可通过传送食品的容器为准。

二、冷食制作岗位其他食品安全操作规范

(1)加工前应认真检查待加工食品,发现有腐败变质或者其他感官性状异常的,不得进行加工。

(2)专间内应当由专人加工制作,非操作人员不得擅自进入专间。操作人员进入专间时,应更换专用工作衣帽并佩戴口罩,操作前应严格进行双手清洗消毒,操作中应适时消毒。不得穿戴专间工作衣帽从事与专间内操作无关的工作。

(3)专间每餐(或每次)使用前应进行空气和操作台的消毒。使用紫外线灯消毒的,应在无人工作时开启 30 分钟以上,并做好记录。

(4)专间内应使用专用的设备、工具、容器,用前应消毒,用后应洗净并保持清洁。

(5)供配制冷食用的蔬菜、水果等食品原料,未经清洗处理干净的,不得带入专间。

(6)制作好的冷食应尽量当餐用完。剩余尚需使用的应存放于专用冰箱中冷藏或冷冻。食用前需要加热时,食品中心温度应不低于 70 ℃。

(7)中小学、幼儿园食堂不得制售冷荤类食品、生食类食品、裱花蛋糕。

 **任务检验**

1 判断题

(1)职业学校、普通中等学校、小学、特殊教育学校、托幼机构的食堂原则上不得申请生食类食品制售项目。(   )

(2)制作生食海产品时可以不在专间操作。(   )

(3)"冷食类食品"一般指无须再加热,在常温或者低温状态下即可食用的食品,包括熟食卤味、生食瓜果蔬菜、腌菜等。(   )

(4)"生食类食品"一般特指生食水产品,尽量不要生食淡水水产品。(   )

(5)专间的温度应不高于 30 ℃。(   )

(6)专间内应由专人加工制作,非操作人员不得擅自进入。(   )

(7)可以用切过生肉的菜板切熟食。(   )

(8)专间内不得设置明沟。(   )

(9)蔬菜、水果、生食的海产品等食品原料可在专间内清洗处理。(   )

(10)专间内应由专人加工制作,非操作人员不得擅自进入。(   )

2 选择题((1)～(4)为单选题,(5)～(6)为多选题)

(1)下列加工制作可以不在专间内进行的是(　　)。

A. 生食类食品　　　　　　　　　　　B. 裱花蛋糕

C. 所有冷食类食品　　　　　　　　　D. 现榨果蔬汁、果蔬拼盘

(2)餐饮服务人员从事以下哪项操作时应戴口罩?(　　)

A. 切酱牛肉　　　B. 切生牛肉　　　C. 炖牛肉　　　D. 洗生牛肉

(3)专间使用紫外线灯消毒空气的,应在无人工作时开启(　　)分钟以上。

A. 10　　　　　　B. 15　　　　　　C. 20　　　　　　D. 30

(4)食品烧熟煮透的中心温度应不低于(　　)。

A. 50 ℃　　　　B. 60 ℃　　　　C. 65 ℃　　　　D. 70 ℃

(5)专间内需要有下列哪项专用设施?(　　)

A. 冷藏设备　　　　　　　　　　　　B. 空气消毒设施

C. 工具清洗消毒设施　　　　　　　　D. 独立的空调设施

(6)下列哪项加工制作必须在专间内进行?(　　)

A. 加工制作冷食类食品　　　　　　　B. 加工制作生食类食品

C. 加工制作裱花蛋糕　　　　　　　　D. 加工制作饮料

3 简答题　冷食制作岗位的食品安全操作规范有哪些?

任务拓展

请参观冷食专间,结合课堂内容讲解、提问、讨论、学习。

任务八　热菜制作岗位的食品安全操作规范

扫码听微课

任务目标

1. 明确热菜制作岗位食品安全操作规范的具体要求。

2. 增强热菜制作岗位从业人员的食品安全意识,提高保障食品安全的能力。

任务导入

10 月 23 日,四川省某市发生一起由婚宴导致的食物中毒事件。从当日下午开始,该市人民医院不断接到因腹泻和呕吐前来就诊的病人,而这些病人都曾于当天中午在该市某酒店参加同一场婚宴。随后,医院急诊大厅入口处,成立了临时的腹泻诊治处,儿童和成人分区分类救治。此次婚宴导致的较大食物中毒事件共造成 396 人就诊,123 人住院治疗的严重后果。

从四川省卫生行政管理部门获悉,确认该事件为一起副溶血性弧菌食物中毒事件,红烧甲鱼和香辣蟹为中毒食品,原因是相关食品未彻底加热煮熟煮透。

上述案例说明,热菜制作岗位是否能严格按照食品安全操作规范进行操作,对于出品菜肴的食品安全至关重要。下面我们共同走进今天的学习任务"热菜制作岗位的食品安全操作规范"。

任务实施

热菜制作岗位是餐饮企业工作岗位中的重要组成部分,也是一般餐饮企业厨房工作人员的主要岗位,菜品加热熟制可以更好地改善食材口感,满足人们对菜肴口味的需求,加热过程可以起到很好的杀菌消毒作用,从而保障消费者的饮食安全。

一、热菜制作岗位通用食品安全操作规范

(1)烹饪前应认真检查待加工食品,发现有腐败变质或者其他感官性状异常的,或是国家法律法规明令禁止的食品及原料,应拒绝加工制作。

(2)不得将回收后的食品经加工后再次销售。

(3)需要熟制加工的食品应烧熟煮透,其加工时食品中心温度应不低于 70 ℃。对特殊加工制作工艺,中心温度低于 70 ℃的食品,餐饮服务提供者应严格控制原料质量安全状态,确保经过特殊加工制作工艺所制作成品的食品安全。

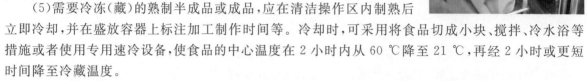

"烹"的作用

(4)不同类型的食品原料、不同存在形式的食品(原料、半成品、成品)分开存放,其盛放容器和加工制作工具分类管理、分开使用,定位存放。

(5)需要冷冻(藏)的熟制半成品或成品,应在清洁操作区内制熟后立即冷却,并在盛放容器上标注加工制作时间等。冷却时,可采用将食品切成小块、搅拌、冷水浴等措施或者使用专用速冷设备,使食品的中心温度在 2 小时内从 60 ℃降至 21 ℃,再经 2 小时或更短时间降至冷藏温度。

扫码听微课

(6)高危易腐食品(指蛋白质或碳水化合物含量较高,常温下容易腐败变质的食品)制熟后,在冷藏温度至 60 ℃条件下存放 2 小时以上且未发生感官性状变化的,食用前应进行再加热。再加热时,食品的中心温度应达到 70 ℃以上。

(7)盛放调味料的容器应保持清洁,使用后加盖存放,宜注明预包装调味料标签上标注的生产日期、保质期等内容及开封日期。接触食品的容器和工具不得直接放置在地面上或者接触不洁物。

(8)菜品用的围边、盘花应保证清洁、新鲜、无腐败变质,不得回收后再使用。

(9)食品处理区内不得从事可能污染食品的活动。不得在辅助区(如卫生间、更衣区等)内加工制作食品、清洗或消毒餐饮具。

(10)餐饮服务场所内不得饲养和宰杀禽、畜等动物。

二、热制菜品特殊加工环节的食品安全操作规范

❶ 油炸

(1)选择热稳定性好、适合油炸的食用油脂。

(2)与油脂直接接触的设备、工具内表面应为耐腐蚀、耐高温的材质(如不锈钢等),易清洁、维护。

(3)油炸食品前,应尽可能减少食品表面的多余水分。油炸食品时,油温不宜超过 190 ℃。油量不足时,应及时添加新油。定期过滤油脂,去除食物残渣。鼓励使用快速检测方法定时测试油脂的酸价、极性组分等指标。定期拆卸油炸设备,进行清洁维护。

❷ 烧烤

(1)烧烤场所应具有良好的排烟系统。

(2)烤制食品的温度和时间应能使食品被烤熟。

(3)烤制食品时,应避免食品直接接触火焰或烤制温度过高,减少有害物质产生。

❸ 火锅

(1)不得重复使用火锅底料。

(2)使用醇基燃料(如酒精等)时,应在没有明火的情况下添加燃料。使用炭火或煤气时,应通风良好,防止一氧化碳中毒。

三、工具及容器使用的食品安全操作规范

(1)各类工具和容器应有明显的区分标识,可使用颜色、材料、形状、文字等方式进行区分。

(2)工具、容器和设备,宜使用不锈钢材料,不宜使用木质材料。必须使用木质材料时,应避免对食品造成污染。盛放热食类食品的容器不宜使用塑料材料。

(3)添加邻苯二甲酸酯类物质的塑料制品不得盛装、接触油脂类食品和乙醇含量高于 20% 的食品。

(4)不得重复使用一次性用品。

四、热菜制作岗位在烹饪过程中,不得存在的行为

(1)使用非食品原料加工制作食品。

(2)在食品中添加食品添加剂以外的化学物质和其他可能危害人体健康的物质。

(3)使用回收食品作为原料,再次加工制作食品。

(4)使用超过保质期的食品、食品添加剂。

(5)超范围、超限量使用食品添加剂。

(6)使用腐败变质、油脂酸败、霉变生虫、污秽不洁、混有异物、掺假掺杂或者感官性状异常的食品、食品添加剂。

(7)使用被包装材料、容器、运输工具等污染的食品、食品添加剂。

(8)使用无标签的预包装食品、食品添加剂。

(9)使用国家为防病等特殊需要明令禁止经营的食品(如织纹螺等)。

(10)在食品中添加药品(按照传统既是食品又是中药材的物质除外)。

(11)法律法规禁止的其他加工制作行为。

任务检验

1 判断题

(1)需要冷藏的熟制食品,应当在冷却后及时冷藏。(   )

(2)可以将未密封的熟食和生肉一起存放。(   )

(3)餐饮服务提供者可以使用盛放过农药化肥的包装袋盛放食品原料。(   )

(4)餐饮服务提供者可以使用盛放过油漆、涂料等工业产品的容器盛放食品原料。(   )

(5)餐饮服务场所内可以设立圈养、宰杀活的禽畜类动物的区域。(   )

(6)接触直接入口食品的包装材料、餐具、饮具和容器应当无毒、清洁。(   )

(7)售出后的菜品消费者如果未食用完,餐饮服务提供者可以回收加工后再次销售。(   )

2 填空题

(1)需要熟制加工的食品应烧熟煮透,其加工时食品中心温度应不低于 _____。

(2)高危易腐食品熟制后,在冷藏温度至 60 ℃ 条件下存放 2 小时以上且未发生感官性状变化的,食用前应进行 _____。

3 选择题((1)~(2)为多选题,(3)~(4)为单选题)

(1)烹饪过程中,下列哪些行为不得存在?(   )

A. 使用非食品原料加工制作食品

B. 在食品中添加食品添加剂以外的化学物质和其他可能危害人体健康的物质

C. 使用回收食品作为原料，再次加工制作食品

D. 使用超过保质期的食品、食品添加剂

(2) 工具及容器使用的食品安全操作规范有（　　）。

A. 各类工具和容器应有明显的区分标识，可使用颜色、材料、形状、文字等方式进行区分

B. 工具、容器和设备，宜使用不锈钢材料，不宜使用木质材料。必须使用木质材料时，应避免对食品造成污染。盛放热食类食品的容器不宜使用塑料材料

C. 添加邻苯二甲酸酯类物质的塑料制品不得盛装、接触油脂类食品和乙醇含量高于 20% 的食品

D. 不得重复使用一次性用品

(3) 食品烧熟煮透的中心温度应不低于（　　）。

A. 50 ℃　　　　　　B. 60 ℃　　　　　　C. 65 ℃　　　　　　D. 70 ℃

(4) 以下避免熟食品受到各种病原菌污染的措施中错误的是（　　）。

A. 接触直接入口食品的人员经常洗手但不消毒

B. 保持食品加工操作场所清洁

C. 避免昆虫、鼠类等动物接触食品

D. 避免生食品与熟食品接触

4 简答题 热菜制作岗位通用食品安全操作规范有哪些？

任务拓展

请参观烹调操作间，结合课堂内容讲解、提问、讨论、学习。

任务九　面点饭食制作岗位的食品安全操作规范

任务目标

1. 明确面点饭食制作岗位的食品安全操作规范的具体要求。

2. 增强面点饭食制作岗位从业人员的食品安全意识，提高保障食品安全的能力。

任务导入

餐饮业除经营菜品外，面点饭食这些主食类制品也是非常重要的组成部分，而且部分餐饮企业的主营品类就是面点饭食，如"庆丰包子铺""喜家德虾仁水饺""李连贵熏肉大饼"，食品安全环节的重要性不容小觑。还有各种面食店等，主营品类就是面点饭食。食品安全的重点自然就在这些面点饭食的制作流程环节中。

那么，如何保证面点饭食制作岗位的食品安全呢？下面我们就一同进入今天的学习任务"面点饭食制作岗位的食品安全操作规范"。

任务实施

面点饭食制作岗位主要是以面粉、米粉、杂粮粉和富含淀粉的果蔬类原料粉为主料，以水、糖、油和蛋为调辅料，部分品种还以菜肴原料为馅心来制作成品的岗位。

一、面点饭食原料的食品安全操作规范

制作面点的原料易发生霉变、生虫及酸败等，使用前应认真检查、挑拣，发现有腐败变质或者其他感官性状异常的，不得进行加工。主要检查指标可以参照"项目五"。

二、面点饭食制作过程的食品安全操作规范

（1）熟制加工应烧熟煮透，其加工时食品中心温度应不低于 70 ℃。大米饭、带馅面食等高危易腐食品，在冷藏温度至 60 ℃条件下，存放 2 小时以上且未发生感官性状变化的，食用前应进行再加热，再加热时中心温度应达到 70 ℃。

（2）面点馅料种类繁多，包括肉类、蔬菜等多种原料，制作馅料时应确保原料卫生后再拌制馅料。盛放容器应做到生熟分离，防止微生物污染。馅料制作应按需要准备，做到随用随做，未用完的馅料、半成品，应冷藏或冷冻，并在规定存放期限内使用。

（3）奶油类原料应冷藏或冷冻存放。水分含量较高的含奶、蛋的点心应在高于 60 ℃或低于 8 ℃的条件下储存。

（4）使用烘焙包装用纸时，应考虑颜色可能对产品的迁移，并控制有害物质的迁移量，不应使用有荧光增白剂的烘烤纸。

（5）使用自制蛋液的，应冷藏保存蛋液，防止蛋液变质，变质蛋液不得再用于加工食用。

（6）油炸食品前，应尽可能减少食品表面的多余水分。油炸食品时，油温不宜超过 190 ℃。油量不足时，应及时添加新油。定期过滤，去除食物残渣。鼓励使用快速检测方法定时测试油脂的酸价、极性组分等指标。定期拆卸油炸设备，进行清洁维护。

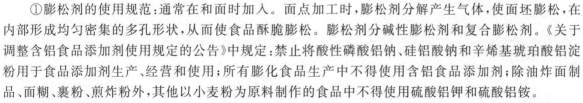

（7）与炸油直接接触的设备、工具内表面应为耐腐蚀、耐高温的材质（如不锈钢等），且易清洁、维护。

（8）食品添加剂的使用应遵守 GB 2760—2014《食品安全国家标准 食品添加剂使用标准》，禁止超范围、超量使用等滥用行为。

①膨松剂的使用规范：通常在和面时加入。面点加工时，膨松剂分解产生气体，使面坯膨松，在内部形成均匀密集的多孔形状，从而使食品酥脆膨松。膨松剂分碱性膨松剂和复合膨松剂。《关于调整含铝食品添加剂使用规定的公告》中规定：禁止将酸性磷酸铝钠、硅铝酸钠和辛烯基琥珀酸铝淀粉用于食品添加剂生产、经营和使用；所有膨化食品生产中不得使用含铝食品添加剂；除油炸面制品、面糊、裹粉、煎炸粉外，其他以小麦粉为原料制作的食品中不得使用硫酸铝钾和硫酸铝铵。

②色素的使用规范：色素是以食品着色为目的的食品添加剂。按其来源，可分为食用天然色素和食用合成色素。可用于糕点制作的色素主要是食用天然色素，有姜黄、栀子黄、萝卜红、酸枣色、葡萄皮红、蓝锭果红、植物炭黑、密蒙黄、柑橘黄、α-胡萝卜素、甜菜红。而一些食用合成色素，如柠檬黄、日落黄、胭脂红、苋菜红等，不能用于糕点制作，只能用于糕点上"彩妆"。

③防腐剂的使用规范：面包、蛋糕食品生产企业常用的防腐剂有山梨酸、山梨酸钾、丙酸钙、丙酸钠、脱氢醋酸钠等。但餐饮单位面包、蛋糕等烘焙食品属于现场制售食品，一般不需要使用防腐剂。糕点类食品中禁用苯甲酸作为防腐剂。

④面点类食品易滥用食品添加剂的情形：

a.面点、裱花食品超量或超范围使用着色剂、乳化剂，超量使用水分保持剂磷酸盐类（磷酸二氢钙、焦磷酸二氢二钠等），超量使用增稠剂（黄原胶等），超量使用甜味剂（糖精钠、甜蜜素等）。b.面点、月饼馅中超量使用乳化剂（蔗糖脂肪酸酯等），超范围使用着色剂，超量或超范围使用甜味剂、防

腐剂。c.面条、饺子皮面粉处理剂超量,使用水分保持剂乳酸钠超量;烧卖皮超量使用着色剂栀子黄,甚至出现使用有毒化工原料硼砂、硼酸现象。d. 馒头:违法使用漂白剂硫黄熏蒸;违规使用含铝食品添加剂。e.煮粥:超量使用乳化剂(蔗糖脂肪酸酯等)。f. 油条:使用膨松剂(硫酸铝钾、硫酸铝铵)过量,造成铝的残留量超标。

任务检验

1 **判断题** 蒸制馒头、包子、花卷等可以使用含铝泡打粉。（　　）

2 **填空题**

(1)熟制加工应烧熟煮透,其加工时食品中心温度应不低于_____ ℃。

(2)大米饭、带馅面食等高危易腐食品,在 8～60 ℃条件下,存放 2 小时以上且未发生感官性状变化的,食用前应进行_____,再加热时中心温度应达到 70 ℃。

(3)食品添加剂的使用应遵守_____,禁止_____、_____等滥用行为。

3 **简答题**

(1)请简述面点饭食原料的食品安全操作规范。

(2)请简述面点饭食制作过程的食品安全操作规范。

(3)请举例说明面点类食品常见滥用食品添加剂的情形。

任务拓展

请参观学校食堂主食加工间,结合课堂内容讲解、提问、讨论、学习。

任务十 裱花蛋糕制作岗位的食品安全操作规范

任务描述

1.明确裱花蛋糕制作岗位的食品安全操作规范的具体要求。

2.增强裱花蛋糕制作岗位从业人员的食品安全意识,提高保障食品安全的能力。

任务导入

无证从事裱花蛋糕制售挨处罚

2014 年 8 月,某市市场监督管理局执法人员在监督检查时发现,该市某西餐厅从事裱花蛋糕制售活动。经核实,该店的餐饮服务许可证类别为小型餐馆,备注不含裱花蛋糕。当事人未取得裱花蛋糕经营许可,从事裱花蛋糕制售活动。依据《中华人民共和国食品安全法》《餐饮服务食品安全监督管理办法》对当事人做出没收违法所得和罚款的处罚决定。

任务实施

裱花蛋糕是指以粮、糖、油、蛋为主要原料经焙烤加工而成的糕点坯,在其表面裱以奶油等制成的食品。最为常见的有生日蛋糕。

裱花蛋糕为直接入口食品,因其加工工艺的特殊性,食品安全风险较高,一般不允许在幼儿园、学校食堂内制售。根据经营范围的许可,加工制作需要在专间内完成,遵守相应的食品安全操作规范。

一、裱花蛋糕加工制作的食品安全管理要求

裱花蛋糕需要专人在专间内加工制作。

（1）由专人加工制作，非专间加工制作人员不得擅自进入专间。进入专间前，加工制作人员应更换专用的工作衣帽并佩戴口罩。加工制作人员在加工制作前应严格清洗消毒手部，加工制作过程中适时清洗消毒手部。

（2）专间内温度不得高于25 ℃。每餐（或每次）使用专间前，应对专间空气进行消毒。消毒方法应遵循消毒设施使用说明书要求。使用紫外线灯消毒的，应在无人加工制作时开启紫外线灯30分钟以上并做好记录。

（3）专间内使用专用的工具、容器、设备，使用前使用专用清洗消毒设施进行清洗消毒，并保持清洁。

（4）个人生活用品及杂物不得带入专间。不得在专间内从事与裱花制作无关的活动。

（5）及时关闭专间的门和食品传递窗口。

二、专间内裱花蛋糕加工制作和存放要求

（1）加工制作裱花蛋糕时，裱浆和经清洗消毒的新鲜水果应当天加工制作、当天使用。

（2）蛋糕坯应存放在专用冷冻或冷藏设备中。奶油要专柜低温保存，打发好的奶油应尽快使用完毕。加工制作好的成品宜当餐供应。

（3）在专用冷冻或冷藏设备中存放食品时，宜将食品放置在密闭容器内或使用保鲜膜等进行无污染覆盖。

（4）鲜蛋应清洗（必要时消毒）后再使用，冰蛋根据使用数量融化，当天融化、当天使用、当天用完。

（5）预包装食品和一次性餐饮具应去除外层包装并保持最小包装清洁后，方可传递进专间。

（6）使用的食品添加剂必须符合《食品安全国家标准 食品添加剂使用标准》，应严格按照标识上标注的使用范围、使用量和使用方法使用食品添加剂，禁止超范围、超剂量滥用食品添加剂。

 任务检验

1 填空题

（1）裱花蛋糕需要_____在_____内加工制作。

（2）专间内温度不得高于_____。每餐（或每次）使用专间前，应对专间空气进行消毒。消毒方法应遵循消毒设施使用说明书要求。使用紫外线灯消毒的，应在无人加工制作时开启紫外线灯_____分钟以上并做好记录。

2 选择题（(1)为单选题，(2)为多选题）

（1）下列加工制作必须在专间内进行的是（   ）。

A.蒸饭　　　　　B.制作裱花蛋糕　　C.炒菜　　　　　　　D.现榨果蔬汁、果蔬拼盘

（2）根据《餐饮服务食品安全操作规范》的要求，进行糕点裱花操作时，应满足以下哪些要求？（   ）

A. 蛋糕坯应在专用冰箱中冷藏

B. 裱浆和经清洗消毒的新鲜水果应当天加工、当天使用

C. 奶油要专柜低温保存,打发好的奶油应尽快使用完毕

D. 加工制作好的成品宜当餐供应

③ 简答题 请简述裱花蛋糕制作过程中的食品安全管理要求。

 **任务拓展**

请参观裱花蛋糕制作专间,结合课堂内容讲解、提问、讨论、学习。

扫码听微课

任务十一 餐用具清洗消毒岗位的食品安全操作规范

任务描述

1. 明确餐用具清洗消毒岗位的食品安全操作规范的具体要求。

2. 增强餐用具清洗消毒岗位从业人员的食品安全意识,提高保障食品安全的能力。

任务导入

2012 年的某日,广州市某医院 2 小时内相继救治了 87 名中毒病人,这些病人均是在当地一个小型饭店参加婚宴后发生的食物中毒,事件起因是餐具消毒不合格,使食品受到金黄色葡萄球菌污染。

调查人员进入后厨发现,污水横流、苍蝇乱飞,来自洗碗间的一股恶臭迎面而来,地上满是残羹剩饭,两个水槽装满了水,水面上漂浮着厚厚一层污物和洗洁精的混合物,餐具在脏水中进行所谓的"消毒"。整个过程,既没用消毒剂,也没用紫外线消毒。为节省成本,洗涤餐具的脏水循环使用达五次之多,没有专门的餐具消毒设备,但却贴有"消毒餐具"的标签。调查人员立即下达了处罚决定书,并责令马上停业整顿。

案例思考: 餐具的洗涤和消毒环节也是餐饮服务食品安全操作规范的重点环节,否则易引发食物中毒事件。

 任务实施

一、餐用具的洗涤方法及要求

(1)清洗餐用具时,要实行一刮、二洗、三冲,一刮是将剩余在餐具内的食物残渣刮入废弃桶内;二洗是将刮干净的餐用具用洗涤剂清洗干净(餐具洗涤剂必须是经卫生行政部门批准的合格产品,不可使用洗衣粉洗涤餐具),认真刷洗餐用具的表面;三冲是要将经过清洗的餐用具用流动水冲去残留在餐用具表面的碱液或洗涤剂溶液。

(2)清洗和冲洗要分池进行,并在水池的明显位置注明标识。洗涤剂按标示要求放入清洗池内,注入温水,将洗涤剂搅拌均匀。

Note

二、餐用具的消毒方法、要求及注意事项

餐用具每次使用后必须清洗并消毒,保证餐用具表面光洁、无油渍、无异味,餐用具表面干燥,大肠菌群少于 3 个/100 平方厘米,无致病菌检出。常用的消毒方法如下。

❶ 物理消毒法　包括蒸汽、煮沸、红外线等热力消毒方法,可耐高温的餐用具一般推荐使用物理消毒方法。

(1)煮沸、蒸汽消毒保持 100 ℃,10 分钟以上。

(2)红外线消毒一般控制温度在 120 ℃以上,保持 10 分钟以上。

(3)洗碗机消毒一般控制水温在 85 ℃,冲洗消毒 40 秒以上。

❷ 化学消毒法　主要使用各种含氯消毒剂消毒,使用时浓度应含有效氯 250 mg/L 以上,将餐用具全部浸泡入液体中 5 分钟以上,并在消毒后用清水冲去表面残留的消毒剂。不便于采用物理消毒方法的餐用具可使用化学消毒方法,常用的含氯消毒剂如下。

(1)漂白粉:主要成分为次氯酸钠,还含有氢氧化钙、氧化钙、氯化钙等。配制水溶液时应先加少量水,调成糊状,再边加水边搅拌成乳液,静置沉淀,取澄清液使用。漂白粉可用于环境、操作台、设备、餐用具及手部等的涂擦和浸泡消毒。

(2)次氯酸钙(漂白精):使用时充分溶解在水中,普通片剂应碾碎后加入水中充分搅拌溶解,泡腾片可直接加入溶解。使用范围同漂白粉。

(3)次氯酸钠:使用时在水中充分混匀。使用范围同漂白粉。

(4)二氯异氰尿酸钠(优氯净):使用时充分溶解在水中,普通片剂应碾碎后加入水中充分搅拌溶解,泡腾片可直接加入溶解。使用范围同漂白粉。

(5)二氧化氯:因配制的水溶液不稳定,应在使用前加活化剂现配现用。使用范围同漂白粉。因氧化作用极强,应避免接触油脂,以防止加速其氧化。

❸ 餐用具消毒的注意事项

(1)应定期检查消毒设备、设施是否处于良好状态。使用的消毒剂应在保质期限内,并按规定的温度等条件储存。采用化学消毒的,应定时测量有效消毒浓度。配好的消毒液定时更换,一般每 4 小时更换一次。

(2)餐用具消毒前应洗净,避免油垢影响消毒效果。

(3)保证消毒时间,将餐用具置入消毒液中浸泡至少 5 分钟,餐用具不能露出消毒液的液面,或者按消毒剂产品使用说明操作。

(4)餐用具消毒完毕后应使用流动水清除餐用具表面上残留的消毒剂,去掉异味。

(5)已消毒和未消毒的餐用具应分开存放,保洁设施内不得存放其他物品。

三、餐具的保洁要求

在餐用具进行消毒后必须做好保洁工作,不然给餐用具造成二次污染就失去了消毒的意义。

(1)消毒后的餐用具要自然滤干或烘干,不应使用抹布、餐巾擦干,避免受到再次污染。

(2)消毒后的餐用具应及时放入密闭的餐用具保洁设施内。

任务检验

1 判断题

(1)餐用具消毒前应洗净,避免油垢影响消毒效果。(　　)

(2)餐饮服务提供者不得使用工业用洗涤剂、消毒剂对餐用具进行清洗、消毒。(　　)

(3)自行对餐用具清洗消毒的应当配备清洗消毒设备设施,采用蒸煮等方法消毒。(　　)

(4)不具备清洗消毒条件的餐饮服务提供者可以使用合法的集中消毒单位提供的餐用具。(　　)

(5)餐饮服务提供者采用乙醇消毒容器、物体表面或从业人员手部的,浓度为99%的乙醇消毒效果优于浓度为75%的乙醇。(　　)

(6)清洗消毒后的餐用具最好用沥干、烘干的方式进行干燥。使用抹布擦干的,抹布应专用,并经清洗消毒后方可使用。(　　)

(7)餐饮服务中使用的洗涤剂、消毒剂应符合食品安全标准。(　　)

2 填空题

(1)清洗餐用具时,要实行一_____、二_____、三_____,分池进行,并在水池的明显位置注明标识。

(2)餐用具物理消毒方法包括_____、_____、_____等热力消毒方法。

3 选择题((1)为单选题,(2)～(5)为多选题)

(1)使用化学消毒法消毒餐具时,配好的消毒液一般多长时间更换一次?(　　)

A.每4小时　　　　B.每5小时

C.每6小时　　　　B.每8小时

(2)下列关于餐用具清洗消毒的程序哪项是正确的?(　　)

A.去残渣→洗涤剂去污→清水冲洗→物理消毒→保洁

B.去残渣→洗涤剂去污→清水冲洗→化学消毒→保洁

C.去残渣→洗涤剂去污→清水冲洗→保洁

D.去残渣→洗涤剂去污→清水冲洗→化学消毒→清水冲洗→保洁

(3)餐饮服务提供者消毒餐用具时,可采用的消毒方式包括(　　)。

A.煮沸或蒸汽消毒　　　　　　　B.红外线加热消毒

C.紫外线消毒　　　　　　　　　D.用含氯消毒剂消毒

(4)下列关于餐用具消毒方法正确的是(　　)。

A.煮沸消毒,温度100 ℃,10分钟以上

B.红外线消毒,温度120 ℃以上,10分钟以上

C.洗碗机消毒,水温65 ℃,30秒以上

D.含氯消毒剂消毒,在有效氯浓度250 mg/L以上的消毒液中浸泡3分钟

(5)以下清洗消毒餐具的做法中错误的是(　　)。

A.消毒后的餐具应储存在专用保洁设施内备用

B.重复使用一次性餐用具时要注意洗净以后再消毒

C.消毒后的餐具一定要使用抹布、餐巾擦干

D.使用化学消毒法消毒餐具时,要注意定时测量消毒液浓度,浓度低于要求时应立即更换或适量补加消毒液

4 简答题　请简述餐用具消毒的注意事项和消毒后的保洁要求。

任务拓展

请参观本校食堂餐用具的洗涤和消毒过程,结合课堂内容讲解、提问、讨论、学习。

任务十二 餐饮废弃物管理处置岗位的食品安全操作规范

任务目标

1. 明确餐饮废弃物管理处置岗位食品安全操作规范中的具体要求。
2. 增强餐饮废弃物管理处置岗位从业人员的食品安全意识,提高保障食品安全的能力。

扫码听微课

任务导入

地沟油,是城市下水道里悄悄流淌的垃圾。有人对其进行加工,摇身变成餐桌上的"食用油"。
他们每天从那里捞取大量暗淡混浊、略呈红色的膏状物,仅仅经过一夜
的过滤、加热、沉淀、分离,就能让这些散发着恶臭的垃圾变身为清亮的
"食用油",最终通过低价销售,重返人们的餐桌。这种被称作"地沟油"
的三无产品,其主要成分仍然是甘油三酯,却又比真正的食用油多了许
多致病、致癌的毒性物质。

地沟油是一种质量极差、极不卫生的非食用油。一旦食用地沟油,
它会破坏人们的白细胞和消化道黏膜,引起食物中毒甚至致癌的严重后果。所以地沟油是严禁用于
食用油领域的。但是,也确有一些人私自生产加工地沟油并作为食用油低价销售给一些小餐馆,给
人们的身心都带来极大伤害。因此"地沟油"这个名称已经成了对人们生活中带来身体伤害的各类
劣质油的代名词。

任务实施

在餐饮经营活动中,不可避免地要产生餐饮废弃物,这些废弃物大多属于餐厨垃圾,俗称泔脚,
又称泔水、潲水,主要是油、水、果皮、蔬菜、米面、鱼、肉、骨头以及废餐具、塑料、纸巾等多种物质的混
合物,极易腐烂变质,散发恶臭,传播细菌和病毒。

餐饮废弃物(餐厨垃圾)具有显著的危害和资源的二重性,其特点可归纳为:①含水率高,可达
80%～95%;②盐分含量高,部分地区含辣椒、醋酸高;③有机物含量高,如蛋白质、纤维素、淀粉、脂
肪等;④富含氮、磷、钾、钙及各种微量元素;⑤存在病原微生物;⑥易腐烂、变质、发臭、滋生蚊蝇。

餐饮废弃物成分复杂,我国餐饮废弃物数量十分巨大,并呈快速上升趋势。为规范餐饮废弃物
的管理和处理,防止出现食品安全危害,《餐饮服务食品安全操作规范》中做出了明确的要求。

一、餐饮废弃物管理

(1)食品处理区内可能产生餐饮废弃物的区域,应设置餐饮废弃物存放容器。餐饮废弃物存放
容器与食品加工制作容器应有明显的区分标识。

(2)餐饮废弃物存放容器应配有盖子,防止有害生物侵入、不良气味逸出或污水溢出,防止污染
食品、水源、地面、食品接触面(包括接触食品的工作台面、工具、容器、包装材料等)。餐饮废弃物存
放容器的内壁光滑,易于清洁。

(3)在餐饮服务场所外适宜地点,宜设置结构密闭的餐饮废弃物临时集中存放设施。

二、餐饮废弃物处置

(1)餐饮废弃物应分类放置、及时清理,不得溢出存放容器。餐饮废弃物的存放容器应及时清
洁,必要时进行消毒。

Note

(2)应索取并留存餐饮废弃物收运者的资质证明复印件(需加盖收运者公章或由收运者签字),并与其签订收运合同,明确各自的食品安全责任和义务。

(3)应建立餐饮废弃物处置台账,详细记录餐饮废弃物的处置时间、种类、数量、收运者等信息。

餐饮废弃物
处置台账

任务检验

1 填空题

(1)食品处理区内可能产生餐饮废弃物的区域,应设置餐饮废弃物存放容器。餐饮废弃物存放容器与食品加工制作容器应有明显的_____。

(2)应建立餐饮废弃物_____,详细记录餐饮废弃物的_____、_____、_____、_____等信息。

2 选择题((1)～(2)为单选题,(3)为多选题)

(1)餐饮废弃物存放容器(　　)配有盖子,防止有害生物侵入、不良气味逸出或污水溢出,防止污染食品、水源、地面、食品接触面(包括接触食品的工作台面、工具、容器、包装材料等)。餐饮废弃物存放容器的内壁光滑,易于清洁。

A. 不应　　　　　　B. 应

(2)(　　)索取并留存餐饮废弃物收运者的资质证明复印件(需加盖收运者公章或由收运者签字),并与其签订收运合同,明确各自的食品安全责任和义务。

A. 不应　　　　　　B. 应

(3)下列有关餐饮废弃物处置要求正确的是(　　)。

A. 建立餐饮废弃物处置管理制度

B. 分类放置餐饮废弃物,做到周产周清

C. 将餐饮废弃物交由经相关部门许可或备案的餐饮废弃物收运、处置单位处理

D. 建立餐饮废弃物处置台账,详细记录有关情况

3 简答题　请简述餐饮废弃物的处置要求。

任务拓展

请观察学校食堂的餐饮废弃物处置过程,结合课堂内容讲解、提问、讨论、学习。

第四部分

食品安全法律
及标准规范

扫码看课件

项目七

餐饮业食品安全的主要法律及标准规范

项目描述

　　本项目包含三项学习任务,即"认知《中华人民共和国食品安全法》""认知《餐饮服务食品安全操作规范》"和"认知《食品安全国家标准 餐饮服务通用卫生规范》",主要内容分别为餐饮业食品安全的主要法律、操作规范和国家标准。通过此项目的学习,意在使学生明确餐饮业保障食品安全的主要法律依据和标准规范,增强在实际工作中的法律意识和规范操作意识。

项目目标

　　1.了解《中华人民共和国食品安全法》和《餐饮服务食品安全操作规范》的基本框架。
　　2.掌握《中华人民共和国食品安全法》与餐饮业相关的主要条款。
　　3.掌握《餐饮服务食品安全操作规范》的内容特点。
　　4.掌握《食品安全国家标准 餐饮服务通用卫生规范》的内容特点。
　　5.增强保障食品安全的法律意识、标准意识和规范操作意识。

任务一　认知《中华人民共和国食品安全法》

任务目标

　　1.了解《中华人民共和国食品安全法》的基本框架。
　　2.掌握《中华人民共和国食品安全法》中与餐饮业相关的主要条款。
　　3.增强保障食品安全的法律意识。

任务导入

　　法治是实现国家长治久安的必由之路。党的十八大以来以习近平同志为核心的党中央从关系党和国家前途命运的战略全局出发,从前所未有的高度谋划法治,以前所未有的广度和深度践行法治,开辟出全面依法治国理论和实践的新境界。在统筹推进伟大斗争、伟大工程、伟大事业、伟大梦想,全面建设社会主义现代化国家的新征程上,一个充满生机活力、令人更加向往的全面依法治国新时代,正向我们渐行渐近。

　　2018 年 8 月 24 日,是我国社会主义法治建设史上一个具有里程碑意义的时刻。中共中央总书记、国家主席、中央军委主席、中央全面依法治国委员会主任习近平主持召开中央全面依法治国委员会第一次会议并发表重要讲话,对全面依法治国做出新的重大部署。他用高度凝练的概括,阐述着一系列全面依法治国的新理念、新思想、新战略。

　　在我们餐饮业同样需要依法健康发展,依法为人民提供安全、健康的餐食,做守法公民,建设我

92

们的伟大祖国,今天就让我们共同来了解、学习食品安全领域的最高法——《中华人民共和国食品安全法》。

任务实施

一、《中华人民共和国食品安全法》概要

《中华人民共和国食品安全法》是全国人民代表大会常务委员会批准的国家法律文件。

《中华人民共和国食品安全法》自 2009 年 2 月 28 日第十一届全国人民代表大会常务委员会第七次会议通过,于 2015 年 4 月 24 日第十二届全国人民代表大会常务委员会第十四次会议修订,根据 2018 年 12 月 29 日第十三届全国人民代表大会常务委员会第七次会议修正。

现行的《中华人民共和国食品安全法》共分十章,分别为总则、食品安全风险监测和评估、食品安全标准、食品生产经营、食品检验、食品进出口、食品安全事故处置、监督管理、法律责任、附则,共计 154 条。餐饮服务,食品生产、加工、储存、运输、销售等活动都应遵守本法。对违反本法的餐饮服务提供者,可依法处以罚款、吊销许可证、行政拘留、判刑等。

二、《中华人民共和国食品安全法》中与餐饮业相关的主要条款

第三十三条　食品生产经营应当符合食品安全标准,并符合下列要求:

(一)具有与生产经营的食品品种、数量相适应的食品原料处理和食品加工、包装、贮存等场所,保持该场所环境整洁,并与有毒、有害场所以及其他污染源保持规定的距离;

(二)具有与生产经营的食品品种、数量相适应的生产经营设备或者设施,有相应的消毒、更衣、盥洗、采光、照明、通风、防腐、防尘、防蝇、防鼠、防虫、洗涤以及处理废水、存放垃圾和废弃物的设备或者设施;

(三)有专职或者兼职的食品安全专业技术人员、食品安全管理人员和保证食品安全的规章制度;

(四)具有合理的设备布局和工艺流程,防止待加工食品与直接入口食品、原料与成品交叉污染,避免食品接触有毒物、不洁物;

(五)餐具、饮具和盛放直接入口食品的容器,使用前应当洗净、消毒,炊具、用具用后应当洗净,保持清洁;

(六)贮存、运输和装卸食品的容器、工具和设备应当安全、无害,保持清洁,防止食品污染,并符合保证食品安全所需的温度、湿度等特殊要求,不得将食品与有毒、有害物品一同贮存、运输;

(七)直接入口的食品应当使用无毒、清洁的包装材料、餐具、饮具和容器;

(八)食品生产经营人员应当保持个人卫生,生产经营食品时,应当将手洗净,穿戴清洁的工作衣、帽等;销售无包装的直接入口食品时,应当使用无毒、清洁的容器、售货工具和设备;

(九)用水应当符合国家规定的生活饮用水卫生标准;

(十)使用的洗涤剂、消毒剂应当对人体安全、无害;

(十一)法律、法规规定的其他要求。

第三十四条　禁止生产经营下列食品、食品添加剂、食品相关产品:

(一)用非食品原料生产的食品或者添加食品添加剂以外的化学物质和其他可能危害人体健康物质的食品,或者用回收食品作为原料生产的食品;

(二)致病性微生物,农药残留、兽药残留、生物毒素、重金属等污染物质以及其他危害人体健康的物质含量超过食品安全标准限量的食品、食品添加剂、食品相关产品;

（三）用超过保质期的食品原料、食品添加剂生产的食品、食品添加剂；

（四）超范围、超限量使用食品添加剂的食品；

（五）营养成分不符合食品安全标准的专供婴幼儿和其他特定人群的主辅食品；

（六）腐败变质、油脂酸败、霉变生虫、污秽不洁、混有异物、掺假掺杂或者感官性状异常的食品、食品添加剂；

（七）病死、毒死或者死因不明的禽、畜、兽、水产动物肉类及其制品；

（八）未按规定进行检疫或者检疫不合格的肉类，或者未经检验或者检验不合格的肉类制品；

（九）被包装材料、容器、运输工具等污染的食品、食品添加剂；

（十）标注虚假生产日期、保质期或者超过保质期的食品、食品添加剂；

（十一）无标签的预包装食品、食品添加剂；

（十二）国家为防病等特殊需要明令禁止生产经营的食品；

（十三）其他不符合法律、法规或者食品安全标准的食品、食品添加剂、食品相关产品。

第三十五条　国家对食品生产经营实行许可制度。从事食品生产、食品销售、餐饮服务，应当依法取得许可。但是，销售食用农产品，不需要取得许可。

第三十六条　食品生产加工小作坊和食品摊贩等从事食品生产经营活动，应当符合本法规定的与其生产经营规模、条件相适应的食品安全要求，保证所生产经营的食品卫生、无毒、无害，食品安全监督管理部门应当对其加强监督管理。

第四十五条　食品生产经营者应当建立并执行从业人员健康管理制度。患有国务院卫生行政部门规定的有碍食品安全疾病的人员，不得从事接触直接入口食品的工作。

从事接触直接入口食品工作的食品生产经营人员应当每年进行健康检查，取得健康证明后方可上岗工作。

第五十五条　餐饮服务提供者应当制定并实施原料控制要求，不得采购不符合食品安全标准的食品原料。倡导餐饮服务提供者公开加工过程，公示食品原料及其来源等信息。

第五十六条　餐饮服务提供者应当定期维护食品加工、贮存、陈列等设施、设备；定期清洗、校验保温设施及冷藏、冷冻设施。

餐饮服务提供者应当按照要求对餐具、饮具进行清洗消毒，不得使用未经清洗消毒的餐具、饮具；餐饮服务提供者委托清洗消毒餐具、饮具的，应当委托符合本法规定条件的餐具、饮具集中消毒服务单位。

第五十七条　学校、托幼机构、养老机构、建筑工地等集中用餐单位的食堂应当严格遵守法律、法规和食品安全标准；从供餐单位订餐的，应当从取得食品生产经营许可的企业订购，并按照要求对订购的食品进行查验。供餐单位应当严格遵守法律、法规和食品安全标准，当餐加工，确保食品安全。

学校、托幼机构、养老机构、建筑工地等集中用餐单位的主管部门应当加强对集中用餐单位的食品安全教育和日常管理，降低食品安全风险，及时消除食品安全隐患。

第五十八条　餐具、饮具集中消毒服务单位应当具备相应的作业场所、清洗消毒设备或者设施，用水和使用的洗涤剂、消毒剂应当符合相关食品安全国家标准和其他国家标准、卫生规范。

餐具、饮具集中消毒服务单位应当对消毒餐具、饮具进行逐批检验，检验合格后方可出厂，并应当随附消毒合格证明。消毒后的餐具、饮具应当在独立包装上标注单位名称、地址、联系方式、消毒日期以及使用期限等内容。

三、《中华人民共和国食品安全法》的意义

（1）保证食品安全，保障公众身体健康和生命安全，提供强大法律保障，标志着我国的食品安全工作进入了有法可依的法治新阶段。

（2）规范食品生产经营活动,增强食品安全监管工作的规范性、科学性和有效性,全方位构筑食品安全法律屏障,提高我国食品安全整体水平。

（3）体现了预防为主、科学管理、明确责任、综合治理的食品安全工作指导思想,进一步明确了我国的食品安全监管体制,打造从农田到餐桌的全程监管,确保监管环节无缝衔接。借鉴国际先进的食品安全监管经验,建立食品安全风险评估和食品召回等制度,统一食品安全标准,加强对食品添加剂和保健食品的监管,完善食品安全事故的处置机制,强化监管责任,加大处罚力度,严格赔偿责任。

我国食品安全法制体系的发展历程

任务检验

1 填空题

（1）现行的《中华人民共和国食品安全法》共分十章,分别为＿＿＿＿＿＿＿＿＿、＿＿＿＿＿＿＿＿＿、＿＿＿＿＿＿＿＿＿、＿＿＿＿＿＿＿＿＿、＿＿＿＿＿＿＿＿＿、＿＿＿＿＿＿＿＿＿、＿＿＿＿＿＿＿＿＿、＿＿＿＿＿＿＿＿＿、＿＿＿＿＿＿＿＿＿、＿＿＿＿＿＿＿＿＿,共计154条。＿＿＿＿＿＿＿＿＿,食品生产、加工、储存、运输、销售等活动都应遵守本法。

（2）食品生产经营人员应当＿＿＿＿＿＿＿＿＿,生产经营食品时,应当＿＿＿＿＿＿＿＿＿,穿戴＿＿＿＿＿＿＿＿＿工作衣、帽等。

（3）国家对食品生产经营实行＿＿＿＿＿＿＿＿＿制度。从事食品生产、食品销售、餐饮服务,应当依法取得＿＿＿＿＿＿＿＿＿。

（4）食品生产经营者应当建立并执行＿＿＿＿＿＿＿＿＿制度。从事接触直接入口食品工作的食品生产经营人员应当＿＿＿＿＿＿＿＿＿进行健康检查,取得＿＿＿＿＿＿＿＿＿后方可上岗工作。

2 选择题（（1）为单选题,（2）～（4）为多选题）

（1）违反《中华人民共和国食品安全法》规定,构成犯罪的（涉嫌食品安全犯罪的）,应当（　　）。

A. 可以以罚代刑

B. 依法追究其刑事责任

C. 依法不应追究刑事责任的,不再给予行政处罚

D. 经审查没有犯罪事实但依法应当予以行政处罚的,由公安机关予以处罚

（2）对违反食品安全法律法规规定餐饮服务提供者,可处以（　　）。

A. 罚款　　　　B. 吊销许可证　　　　C. 行政拘留　　　　D. 判刑

（3）餐饮服务提供者应当履行以下哪项食品安全法定职责和义务?（　　）

A. 严格制订并实施原料控制要求、过程控制要求

B. 开展食品安全自查,评估食品安全状况,及时整改问题,消除风险隐患

C. 及时妥善处理消费者投诉,依法报告和处置食品安全事故

D. 接受政府监管和社会监督,依法承担行政、民事和刑事责任

（4）下列哪种食品属于禁止生产经营的食品?（　　）

A. 腐败变质的食品

B. 死因不明的禽、畜、兽等动物肉类

C. 按照国家食品安全标准添加了食品添加剂的食品

D. 营养成分不符合食品安全标准的食品

3 简答题 请简述《中华人民共和国食品安全法》的意义。

任务二　认知《餐饮服务食品安全操作规范》

扫码听微课

任务目标

1.了解《餐饮服务食品安全操作规范》的基本框架。
2.掌握《餐饮服务食品安全操作规范》的内容特点。
3.增强保障食品安全的规范操作意识。

任务导入

《中华人民共和国食品安全法》作为我国食品安全领域的"母法",在其下面还有一系列的法律法规及标准等共同构成保障食品安全的法律法规体系,其中和餐饮业关系较为密切的是《餐饮服务食品安全操作规范》。

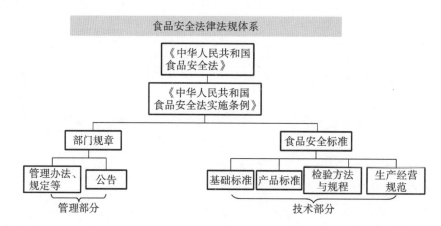

现行的《餐饮服务食品安全操作规范》是 2018 年 7 月由国家市场监督管理总局发布,并于 2018 年 10 月 1 日起开始施行,内容涉及餐饮服务场所、食品处理、清洁操作、餐用具保洁以及外卖配送等餐饮服务各个环节的标准和基本规范,适用于餐饮服务提供者包括餐饮服务经营者和单位食堂等主体的餐饮服务经营活动。

下面我们就来共同完成今天的学习任务"认知《餐饮服务食品安全操作规范》"。

修订《餐饮服务食品安全操作规范》的背景和意义

2011 年 8 月 22 日,原国家食品药品监督管理总局根据《中华人民共和国食品安全法》的规定,出台了《餐饮服务食品安全操作规范》(以下简称《规范》),该《规范》对保证食品安全、保障人民群众身体健康,发挥了积极作用。2015 年新修订的《中华人民共和国食品安全法》颁布后,根据新《中华人民共和国食品安全法》的规定、餐饮业的快速发展、消费者的期盼和进一步加强监管的需要,原国家食品药品监督管理总局启动了《规范》的修订工作。修订的目的就是更好地帮助指导餐饮服务提供者真正落实《中华人民共和国食品安全法》的规定,履行食品安全第一责任人的责任,依法规范餐饮服务经营行为,强化餐饮食品安全管理,有效防控食品安全风险。

一、适用范围及鼓励内容

适用于餐饮服务提供者,包括餐饮服务经营者和单位食堂等主体的餐饮服务经营活动。《规范》鼓励和支持餐饮服务提供者采用先进的食品安全管理方法,建立餐饮服务食品安全管理体系,提高食品安全管理水平;鼓励餐饮服务提供者明示餐食的主要原料信息、餐食的数量或重量,开展"减油、减盐、减糖"行动,为消费者提供健康营养的餐食;鼓励餐饮服务提供者降低一次性餐饮具的使用量;鼓励餐饮服务提供者提示消费者开展光盘行动、减少浪费。

二、内容构成

《规范》指导餐饮服务提供者全面落实食品安全法律、法规、规范性文件和规章制度,切实承担食品安全主体责任,有效防控餐饮服务食品安全风险。

《规范》分为主体和附件两个部分。主体部分包括总则、术语与定义、通用要求、建筑场所与布局、设施设备、原料管理、加工制作、供餐用餐与配送、检验检测、清洗消毒、废弃物管理、有害生物防制、食品安全管理、人员要求、文件和记录、其他 16 项内容。附件共有 13 个。

三、内容特点

(1)进一步完善了相关制度。《规范》遵循风险管理理念,增加了一些新制度、新要求,例如要求餐饮服务提供者建立并实施场所及设施设备定期清洗消毒维护校验制度、食品安全自查制度等,严防严管严控食品安全风险隐患,主动防范食物中毒等食品安全事故的发生。根据《中华人民共和国食品安全法》的规定和监管形势的发展,倡导采用"明厨亮灶"方式公开加工制作过程,公示食品的主要原料及其来源等。根据全国食物中毒发生的新规律、新特点,对禁止采购、储存和使用亚硝酸盐,使用甲醇等作为燃料应加入颜色进行警示以防止作为白酒误饮等做了规定。

(2)提高了部分硬件要求。《规范》对餐饮服务场所环境和设施设备的要求进行了很多微调,提高了硬件要求。例如,丰富了洗手设施要求。对洗手设施提出了洗手设施附近配备洗手液(皂)、消毒液、擦手纸、干手器等要求。增添了有害生物防治设施设备要求。对灭蝇灯、鼠类诱捕设施、防蝇帘及风幕机等做出了具体规定。

(3)强化了风险管理。《规范》更加关注从食品原料采购至餐食供应的过程管理,严防加工制作过程的食品安全风险,增补、完善、提高了许多管理要求。例如:在冷藏、冷冻的温度设定要求方面,将冷藏温度的范围从 0~10 ℃调整为 0~8 ℃,将冷冻温度的范围从 0 ℃以下调整为宜低于−12 ℃。

(4)在关键环节的过程控制要求方面。《规范》增补了食品解冻、食品油炸、高危易腐食品冷却、餐饮外卖、供餐服务等关键环节的过程控制要求。

(5)在重点环节的过程控制要求方面。例如,在加强原料进货查验管理方面,规定"查验期间,尽可能减少食品的温度变化。冷藏食品表面温度与标签标识的温度要求不得超过+3 ℃,冷冻食品表面温度不宜高于−9 ℃"。

(6)在强化原料储存管理方面,要求"保存条件、保质期不明确的及开封后的,应根据食品品种、

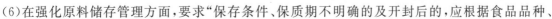

加工制作方式、包装形式等针对性的确定适宜的保存条件和保存期限,并应建立严格的记录制度来保证不存放和使用超期食品或原料,防止食品腐败变质"。

(7)在强化食品留样方面,将食品留样量从100 g调整为125 g。应将留样食品按照品种分别盛放于清洗消毒后的专用密闭容器内,在专用冷藏设备中冷藏存放48小时以上。

(8)以往部分餐饮服务单位对餐饮服务场所的环境卫生特别是卫生间卫生等不重视,消费者诉病较多。《规范》对强化卫生间卫生管理做出了新的规定,要求餐饮服务单位"定时清洁卫生间的设施、设备,并做好记录和展示。保持卫生间地面、洗手池及台面无积水、无污物、无垃圾,便池内外无污物、无积垢、冲水良好,卫生纸充足。营业期间,应开启卫生间的排风装置,卫生间内无异味"。

(9)强化从业人员健康管理。在健康证明方面,《规范》明确规定,从事接触直接入口食品工作(清洁操作区内的加工制作及切菜、配菜、烹饪、传菜、餐饮具清洗消毒等)的从业人员,包括新入职和临时的从业人员,必须取得健康证明后方可上岗。同时,上述从业人员应每年进行健康检查取得健康证明,必要时应进行临时健康检查。

在健康状况动态管理方面,《规范》明确要求,患有发热、腹泻、咽部炎症等病症及皮肤有伤口或感染的从业人员,一是要主动向食品安全管理人员报告,二是要暂停从事接触直接入口食品的工作,三是必要时进行临时健康检查,待查明原因并将有碍食品安全的疾病治愈后方可重新上岗。为有效落实该项规定,《规范》要求食品安全管理人员应每天对从业人员上岗前的健康状况进行检查。

(10)强化从业人员培训考核。《规范》要求从业人员应经食品安全培训考核合格后方可上岗,并对从业人员培训考核的频次、内容、形式和效果都做出了具体规定。其中,在培训考核频次方面,《规范》要求餐饮服务企业的从业人员应每年接受一次食品安全培训考核,特定餐饮服务提供者的从业人员应每半年接受一次食品安全培训考核。在培训考核内容方面,《规范》明确餐饮服务提供者应对从业人员培训考核有关餐饮食品安全的法律法规知识、基础知识及本单位的食品安全管理制度、加工制作规程等。

(11)强化从业人员个人卫生管理。在保证食品安全的前提下,调整了从业人员个人卫生要求,使其更具有可操作性。例如规定"手部有伤口的从业人员,使用的创可贴宜颜色鲜明,并及时更换。佩戴一次性手套后,可从事非接触直接入口食品的工作","佩戴的手表、手镯、手链、手串、戒指、耳环等饰物不得外露"。《规范》要求,在加工制作前和加工制作过程中,从业人员均应保持良好的个人卫生,包括不得留长指甲、不得涂指甲油、穿着清洁的工作服、不得披散头发、饰物不得外露等。

《规范》对从业人员佩戴清洁的口罩进行了规范,除要求专间从业人员佩戴清洁的口罩外,还对专用操作区内从业人员佩戴清洁的口罩提出了要求。《规范》要求,专用操作区内从事现榨果蔬汁加工制作、果蔬拼盘加工制作、加工制作植物性冷食类食品(不含非发酵豆制品)、对预包装食品进行简单加工制作后即供应、调制供消费者直接食用的调味料、备餐等的从业人员,必须佩戴清洁的口罩。

(12)强化从业人员洗手消毒管理。《规范》规定,从业人员在加工制作食品前应洗净手部,在加工制作过程中应保持手部清洁,在加工制作不同存在形式的食品前和清理环境卫生、接触化学物品或不洁物品(落地的食品、餐厨废弃物、钱币、手机等)及咳嗽、打喷嚏及擤鼻涕后应重新洗净手部。同时,《规范》明确了从业人员应在洗手后消毒手部的情形。

(13)强化从业人员工作服管理。《规范》对工作服的颜色、清洗更换、存放等都做出了规定。《规范》要求,从事接触直接入口食品工作的从业人员,其工作服宜每天清洗更换;受到污染后,应及时更换;食品处理区内加工制作食品的从业人员使用卫生间前,应更换工作服;离开专间时,应脱去专间专用工作服。同时,《规范》要求,清洁操作区与其他操作区从业人员的工作服应有明显的颜色或标识区分。

任务检验

① 填空题

(1)根据《中华人民共和国食品安全法》的规定和监管形势的发展,倡导采用＿＿＿＿＿＿＿＿＿＿＿＿＿＿方式公开加工制作过程,公示食品的主要原料及其来源等。

(2)根据全国食物中毒发生的新规律、新特点,对禁止采购、储存和使用＿＿＿＿＿＿＿＿＿＿＿,使用＿＿＿＿＿＿＿＿＿＿等作为燃料应加入颜色进行警示,防止作为白酒误饮等做了规定。

(3)对洗手设施提出了洗手设施附近配备＿＿＿＿＿＿＿＿＿＿＿、＿＿＿＿＿＿＿＿＿＿、＿＿＿＿＿＿＿＿＿＿、＿＿＿＿＿＿＿＿＿＿等要求。

(4)将冷藏温度的范围从0～10 ℃调整为＿＿＿＿＿＿＿＿＿＿＿,将冷冻温度的范围从0 ℃以下调整为宜低于＿＿＿＿＿。

(5)查验期间,尽可能减少食品的温度变化。冷藏食品表面温度与标签标识的温度要求不得超过＿＿＿＿＿℃,冷冻食品表面温度不宜高于＿＿＿＿＿ ℃。

(6)在强化食品留样方面,将食品留样量从100 g调整为＿＿＿＿＿＿。

(7)手部有伤口的从业人员,使用的创可贴宜＿＿＿＿＿＿＿＿＿＿＿,并及时更换。佩戴的手表、手镯、手链、手串、戒指、耳环等饰物不得＿＿＿＿＿＿＿＿＿。

(8)《规范》要求,专用操作区内从事现榨果蔬汁加工制作、果蔬拼盘加工制作、加工制作植物性冷食类食品(不含非发酵豆制品)、对预包装食品进行简单加工制作后即供应、调制供消费者直接食用的调味料、备餐等的从业人员,必须佩戴＿＿＿＿＿＿＿＿＿＿＿。

(9)《规范》规定,从业人员在加工制作食品前应＿＿＿＿＿＿＿＿＿＿＿,在加工制作过程中应保持＿＿＿＿＿＿＿＿＿＿＿,在加工制作不同存在形式的食品前和清理环境卫生、接触化学物品或不洁物品(落地的食品、餐厨废弃物、钱币、手机等)及咳嗽、打喷嚏及擤鼻涕后应＿＿＿＿＿＿＿＿＿＿＿＿＿＿。

② 选择题(单选)

(1)餐饮服务提供者在食品安全管理中必须贯彻执行的技术规范是(　　　)。

A.《餐饮服务食品安全操作规范》

B.《食品安全管理体系餐饮业要求》(GB/T27306)

C.《质量管理体系要求》(GB/T19001)

D. 五常法、六 T 法

(2)留样食品的留样数量不少于(　　　)克。

A. 20　　　　　　　　B. 50　　　　　　　　C. 75　　　　　　　　D. 125

(3)留样食品应保留(　　　)小时以上。

A. 12　　　　　　　　B. 24　　　　　　　　C. 36　　　　　　　　D. 48

③ 简答题

(1)《餐饮服务食品安全操作规范》中强化从业人员健康管理的要求有哪些?

(2)《餐饮服务食品安全操作规范》中强化从业人员培训考核的要求有哪些?

(3)《餐饮服务食品安全操作规范》中强化从业人员工作服管理的要求有哪些?

任务三 认知《食品安全国家标准 餐饮服务通用卫生规范》

任务目标

1. 了解《食品安全国家标准 餐饮服务通用卫生规范》的基本内容。
2. 掌握《食品安全国家标准 餐饮服务通用卫生规范》的内容特点。
3. 增强保障食品安全的标准意识。

任务导入

在以《中华人民共和国食品安全法》为主的一系列保障我国食品安全的
法律法规及标准体系中,与餐饮业关系最为密切的规范类国家标准是《食品
安全国家标准 餐饮服务通用卫生规范》。

现行的《食品安全国家标准 餐饮服务通用卫生规范》于 2021 年 3 月 18
日由中华人民共和国国家卫生健康委员会和国家市场监督管理总局联合发
布,并于 2022 年 2 月 22 日正式实施,内容与《餐饮服务食品安全操作规范》
大体一致,但更侧重于食品安全目标,细节及文字表述更加严谨,适用于餐饮
服务经营者和集中用餐单位的食堂从事的各类餐饮服务活动。

下面我们就来共同完成今天的学习任务"认知《食品安全国家标准 餐饮服务通用卫生规范》"。

任务实施

2022 年 2 月 22 日正式实施的《食品安全国家标准 餐饮服务通用卫生规范》是我国首部餐饮服
务行业规范类食品安全国家标准,对于提升我国餐饮业食品安全水平,保障消费者饮食安全和适应
人民群众日益增长的餐饮消费需求具有重要意义。

标准中规定了餐饮服务活动中食品采购、储存、加工、供应、配送和餐(饮)具、食品容器及工具清
洗、消毒等环节、场所、设施、设备、人员的食品安全基本要求和管理准则。

一、适用范围

本标准适用于餐饮服务经营者和集中用餐单位的食堂从事的各类餐饮服务活动,如有必要制定
某类餐饮服务活动的专项卫生规范,应当以本标准作为基础。

省、自治区、直辖市规定按小餐饮管理的餐饮服务活动可参照本标准执行。

二、内容构成

《食品安全国家标准 餐饮服务通用卫生规范》包括范围,术语和定义,场所与布局,设施与设备,
原料采购、运输、验收与储存,加工过程的食品安全控制,供餐要求,配送要求,清洁维护与废弃物管
理,有害生物防治,人员健康与卫生,培训,食品安全管理等 13 项内容,附录包括生食蔬菜、水果清洗
消毒指南,餐用具清洗消毒指南,餐饮服务常用消毒剂及化学消毒注意事项,餐饮服务从业人员洗手
消毒指南等 4 项。

三、内容特点(与《餐饮服务食品安全操作规范》相比较)

❶ **明确了餐饮服务的定义** 餐饮服务指通过即时加工制作、商业销售和服务性劳动等,向消费
者提供食品或食品和消费设施的服务活动。

② **指出半成品为非直接入口的食品**　半成品指经初步或者部分加工,尚需进一步加工的非直接入口食品。与《餐饮服务食品安全操作规范》相比,增加了非直接入口的限定。

③ **专间和专用操作区操作的食品以业态进行区分**　中央厨房和集体用餐配送单位直接入口易腐食品的冷却和分装、分切等操作应在专间内进行,除以上两种业态的餐饮服务提供者的直接入口易腐食品的冷却和分装、分切等操作应在专间或专用操作区进行。

④ **新增生食蔬菜、水果清洗消毒方法**　生食蔬菜、水果和生食水产品原料应在专用区域内或设施内清洗处理,必要时消毒。标准附录中规定了生食蔬菜、水果的清洗消毒方法。

⑤ **再加热和供餐的危险温度范围表述为冷藏温度以上、60℃以下**　烹饪后的易腐食品,在冷藏温度以上、60℃以下存放 2 小时以上,未发生感官性状变化的,食用前应进行再加热;烹饪后的易腐食品,在冷藏温度以上、60℃以下的存放时间不应超过 2 小时;存放时间超过 2 小时的,应按要求再加热或者废弃;烹饪完毕至食用时间需超过 2 小时的,应在 60℃ 以上保存,或按要求冷却后进行冷藏。

⑥ **集体用餐配送单位配送的食品标注信息增加单位信息等**　集体用餐配送单位配送的食品,应在包装、容器或者配送箱上标注集体用餐配送单位信息、加工时间和食用时限,冷藏保存的食品还应标注保存条件和食用方法。

⑦ **委托集中消毒服务单位提供清洗消毒服务的,应当查验、留存相关合格证明文件**　委托餐(饮)具集中消毒服务单位提供清洗消毒服务的,应当查验、留存餐(饮)具集中消毒服务单位的营业执照复印件和消毒合格证明。保存期限不应少于消毒餐(饮)具使用期限到期后 6 个月。

⑧ **要求食品处理区的从业人员不应化妆**　食品处理区内从业人员不应留长指甲、涂指甲油,不应化妆。

⑨ **佩戴口罩的从业人员范围扩大**　专间和专用操作区内的从业人员操作时,应佩戴清洁的口罩。口罩应遮住口鼻。

⑩ **对于留样的要求仅限定为特定业态的餐饮服务提供者,留样产品为易腐食品**　学校(含托幼机构)食堂、养老机构食堂、医疗机构食堂、建筑工地食堂等集中用餐单位的食堂,以及中央厨房、集体用餐配送单位、一次性集体聚餐人数超过 100 人的餐饮服务提供者,应按规定对每餐次或批次的易腐食品成品进行留样。每个品种的留样量应不少于 125 g。

任务检验

① 填空题

(1)2022 年 2 月 22 日正式实施的＿＿＿＿＿＿＿＿＿＿＿＿＿＿＿＿＿＿是我国首部餐饮服务行业规范类食品安全国家标准。

(2)＿＿＿＿＿＿＿＿＿和＿＿＿＿＿＿＿＿＿＿内的从业人员操作时,应佩戴清洁的口罩。口罩应＿＿＿＿＿＿＿＿＿＿。

(3)中央厨房和集体用餐配送单位直接入口易腐食品的冷却和分装、分切等操作应在＿＿＿＿＿＿＿＿＿＿内进行。

(4)委托餐(饮)具集中消毒服务单位提供清洗消毒服务的,应当查验、留存餐(饮)具集中消毒服务单位的＿＿＿＿＿＿＿＿＿和＿＿＿＿＿＿＿＿＿。保存期限不应少于消毒餐(饮)具使用期限到期后 6 个月。

② 选择题(单选)

(1)在以《中华人民共和国食品安全法》为主的一系列保障我国食品安全的法律法规及标准体系中,与餐饮业关系最为密切的规范类国家标准是(　　)。

A.《食品安全国家标准 消毒剂》

B.《食品安全国家标准 洗涤剂》

C.《食品安全国家标准 食品添加剂使用标准》

D.《食品安全国家标准 餐饮服务通用卫生规范》

（2）食品处理区内从业人员下列行为正确的是（　　　）

A. 留长指甲　　　　　B. 涂指甲油　　　　　C. 不留长发　　　　　D. 化妆

（3）委托餐（饮）具集中消毒服务单位提供清洗消毒服务的，应当查验、留存餐（饮）具集中消毒服务单位的营业执照复印件和消毒合格证明。保存期限不应少于消毒餐（饮）具使用期限到期后（　　　）个月。

A. 2　　　　　　　　　B. 4　　　　　　　　　C. 6　　　　　　　　　D. 8

❸ 简答题

（1）《食品安全国家标准 餐饮服务通用卫生规范》中餐饮服务的定义是什么？

（2）《食品安全国家标准 餐饮服务通用卫生规范》中半成品的定义是什么？

（3）《食品安全国家标准 餐饮服务通用卫生规范》中有关再加热和供餐的危险温度范围的表述有哪些？

（4）《食品安全国家标准 餐饮服务通用卫生规范》中要求集体用餐配送单位配送的食品标注信息包括哪些？

全书任务检验参考答案

注：仅供教师用户在教学中使用。请教师用户联系我们（见封底"华中出版教材服务"微信公众号）获取学习码。

附录

附录 A 《餐饮服务食品安全操作规范》知识题库

在线答题

(共 200 题,其中判断题 100 题,单项选择题 50 题,多项选择题 50 题)

一、判断题(共 100 题)

1.餐饮服务提供者对其加工制作和经营的食品安全负责。(　　)

2.任何单位将食堂对外承包经营,单位的负责人都要对食品安全负责。(　　)

3.中小学校和幼儿园委托社会供餐,也要对食品安全负责。(　　)

4.学校(含托幼机构)校(院)长是学校(含托幼机构)食品安全第一责任人。(　　)

5.餐饮服务提供者应当对员工进行食品安全知识培训,保证食品安全。(　　)

6.食品经营企业应当配备食品安全管理人员并经考核合格。(　　)

7.大型餐饮服务企业和餐饮连锁企业及设有食堂的大中专院校应当建立食品安全管理机构并配备专职管理人员。(　　)

8.食品安全管理人员应当负责对购买的食品原辅料、食品加工制作过程、餐饮具清洗消毒、环境卫生等进行管理。(　　)

9.任何单位和个人不得对食品安全事故隐瞒、谎报、缓报,不得隐匿、伪造、毁灭有关证据。(　　)

10.餐饮服务提供者在发生食品安全事故后隐匿、伪造、毁灭有关证据的,责令停产停业,没收违法所得并处 10 万元以上 50 万元以下罚款。(　　)

11.任何组织或者个人有权举报食品安全违法行为。(　　)

12.倡导餐饮服务提供者公开加工过程,公示食品原料及其来源。(　　)

13.食品经营许可申请人应当对许可申请材料的真实性负责。(　　)

14.委托他人办理食品经营许可申请的,代理人应当提交授权委托书以及代理人的身份证明文件。(　　)

15.食品经营许可证的正本和副本具有同等法律效力。(　　)

16.餐饮服务提供者不得伪造、涂改、倒卖、出租、出借、转让食品经营许可证。(　　)

17.转让餐馆时,可以将食品经营许可证一并转让。(　　)

18.食品经营许可的事项发生变化后,应当在 10 个工作日内申请变更。(　　)

19.餐饮服务提供者应当对监督检查人员现场检查中形成的检查记录、询问记录和抽样检验等文书进行核对,核对无误后签字或者盖章。(　　)

20.日常监督检查结果为不符合,有发生食品安全事故潜在风险时,餐饮服务提供者应当边整改边经营。(　　)

21.日常监督检查结果为基本符合时,餐饮服务提供者应当按照监管部门的要求限期整改,并报

告整改情况。（　　　）

22.职业学校、普通中等学校、小学、特殊教育学校、托幼机构的食堂原则上不得申请生食类食品制售项目。（　　　）

23.制作生食海产品时可以不在专间操作。（　　　）

24.餐饮服务提供者不得采购、储存、使用亚硝酸盐。（　　　）

25.餐饮服务提供者可以在食品库房内存放杀虫剂、鼠药。（　　　）

26.餐饮服务提供者不得使用工业用洗涤剂、消毒剂对餐饮具进行清洗、消毒。（　　　）

27.餐饮服务提供者可以将醇基燃料作为酒水提供给消费者饮用。（　　　）

28.餐饮服务场所内可以设立圈养、宰杀活的禽畜类动物的区域。（　　　）

29.餐饮服务提供者采购蔬菜水果时可以到商场、超市、蔬菜水果种植基地、批发市场采购，采购时要查验蔬菜水果的感官性状。（　　　）

30.餐饮服务提供者采购肉类时可以到屠宰场、商场、超市采购，在屠宰场采购的应当索取肉品的检疫合格证明。（　　　）

31.餐饮服务提供者不得采购来源不明、标识不清、感官性状异常的食用油。（　　　）

32.餐饮服务提供者经营的酒水饮料可以从取得许可证的生产企业、商场、超市采购，不得销售假酒。（　　　）

33.餐饮服务企业采购食品，应保存购货凭证，如实记录食品的名称、数量、进货日期等内容。（　　　）

34.实行统一配送经营方式的餐饮服务企业，可以由企业总部统一查验供货者的许可证和食品合格证明文件，进行食品进货查验。（　　　）

35.添加了食品添加剂的食品一定不安全。（　　　）

36.天然食品添加剂一定比化学合成的食品添加剂更安全。（　　　）

37.餐饮服务提供者应当定期检查库存食品，及时清理变质或者超过保质期的食品。（　　　）

38.餐饮服务企业应当制订食品安全事故处置方案。（　　　）

39.接触直接入口食品的包装材料、餐具、饮具和容器应当无毒、清洁。（　　　）

40."冷食类食品"一般指无须再加热，在常温或者低温状态下即可食用的食品，包括熟食卤味、生食瓜果蔬菜、腌菜等。（　　　）

41."生食类食品"一般特指生食水产品，尽量不要生食淡水水产品。（　　　）

42.食品处理区按清洁程度可分为一级清洁操作区、二级清洁操作区和三级清洁操作区。（　　　）

43.可以用切过生肉的菜板切熟食。（　　　）

44.可以在清洗原料的水池内涮洗墩布。（　　　）

45.食品处理区的抹布应用途明确，定位存放，保持清洁。（　　　）

46.餐饮服务提供者应当定期对加工制作和经营食品的质量安全状况进行自查。（　　　）

47.进口的预包装食品可以不标注中文标签。（　　　）

48.为预防豆浆中毒，需将豆浆在"假沸"后保持沸腾3分钟以上。（　　　）

49.需要冷藏的熟制食品，应当在冷却后及时冷藏。（　　　）

50.可以将未密封的熟食和生肉一起存放。（　　　）

51.专间的温度应不高于30 ℃。（　　　）

52.餐饮服务提供者可以使用盛放过农药化肥的包装袋盛放食品原料。（　　　）

53.餐饮服务提供者可以使用盛放过油漆、涂料等工业产品的容器盛放食品原料。（　　　）

54.可以使用甲醛泡发海产品。（　　　）

55.蒸制馒头、包子、花卷等可以使用含铝泡打粉。（　　　）

56.经营鲜活水产品的餐饮服务提供者可以在饲养用水中添加硝基呋喃、孔雀石绿等。（　　）

57.制作现榨果汁、食用冰等可以使用自来水。（　　）

58.用于制作现榨饮料、食用冰等食品的水,应为通过符合相关规定的净水设备处理后或煮沸冷却后的饮用水。（　　）

59.自行对餐饮具清洗消毒的应当配备清洗消毒设备设施,采用蒸煮等方法消毒。（　　）

60.不具备清洗消毒条件的餐饮服务提供者可以使用合法的集中消毒单位提供的餐用具。（　　）

61.专间内不得设置明沟。（　　）

62.餐饮服务提供者应当定期清理排水沟内的污物。（　　）

63.售出后的菜品消费者如果未食用完,餐饮服务提供者可以回收加工后再次销售。（　　）

64.蔬菜、水果、生食的海产品等食品原料可在专间内清洗处理。（　　）

65.专间内应由专人加工制作,非操作人员不得擅自进入。（　　）

66.餐饮服务提供者应当对消费者提出的投诉立即核实,妥善处理。（　　）

67.可以在储存食品原料的场所内存放个人生活物品。（　　）

68.申请食品经营许可,应当先行取得营业执照等合法主体资格。（　　）

69.低温能彻底杀灭微生物,所以冰箱可用来长期保存食品。（　　）

70.采购的食品添加剂标签上应该载明"食品添加剂"字样。（　　）

71.禁止在餐食中加入药品,但中药材除外。（　　）

72.餐饮服务提供者终止经营,食品经营许可被撤回、撤销或者吊销的,应当在30个工作日内申请办理注销。（　　）

73.被许可人以欺骗、贿赂等不正当手段取得食品经营许可的,由原发证部门撤销许可,并处1万元以上3万元以下罚款。（　　）

74.餐饮服务提供者采购、使用、销售无中文标签的进口预包装食品,货值金额不足1万元的,将被处以5千元以上5万元以下罚款。（　　）

75.餐饮服务提供者采用乙醇消毒容器、物体表面或从业人员手部的,浓度为99%的乙醇消毒效果优于浓度为75%的乙醇。（　　）

76.发生食品安全事故或疑似食品安全事故的餐饮服务提供者,应当按照事故调查部门的要求提供相关资料和样品,不得拒绝。（　　）

77.发生食物中毒或者疑似食物中毒后,餐饮服务提供者与中毒者协商解决了医疗及赔偿事宜的,可不必向当地食品药品监督管理部门、卫生行政部门报告。（　　）

78.食品的冷藏温度要求和冷冻温度要求是一样的。（　　）

79.清洗消毒后的餐用具最好用沥干、烘干的方式。使用抹布擦干的,抹布应专用,并经清洗消毒后方可使用。（　　）

80.加工海产品时,必须严格区分加工用具和容器等,避免引发副溶血性弧菌食物中毒。（　　）

81.集体聚餐人数超过100人的,餐饮服务提供者应当为提供的食品成品留样。（　　）

82.野生蘑菇中存在多种有毒品种,食用中毒后病死率高,餐饮服务提供者经营野生蘑菇的要确保经营的蘑菇中未混入有毒品种。（　　）

83.餐饮服务工作人员上厕所后应洗净手部,接触直接入口食品的人员还应消毒手部。（　　）

84.餐饮服务提供者可以经营养殖河豚活鱼和未经加工的河豚整鱼。（　　）

85.螺类在生长过程中易被寄生虫污染,加工时应烧熟煮透。（　　）

86.餐饮服务中使用的洗涤剂、消毒剂应符合食品安全标准。（　　）

87.幼儿园和中小学食堂尽量不要加工制作四季豆。（　　）

88.餐饮服务提供者加工四季豆时应烧熟煮透,避免造成食物中毒。（　　）

89. 大型连锁餐饮企业应制订内部的餐饮服务食品安全操作规程。加工制作地方特色餐饮食品的要制订规范的加工制作方法。（　　）

90. 从事接触直接入口食品的人员应当进行健康检查,取得健康证明后方可上岗工作。（　　）

91. 食品处理区内可以设置卫生间。（　　）

92. 餐饮服务提供者加工食品的用水,应当符合国家规定的生活饮用水卫生标准。（　　）

93. 餐饮服务提供者应当在经营场所的显著位置悬挂或者摆放食品经营许可证正本。（　　）

94. 食品经营许可证遗失、损坏的,应当向原发证部门申请补办。（　　）

95. 集体用餐配送单位在配送食品过程中,应将食品的中心温度保持在 8 ℃以下或 60 ℃以上。（　　）

96. 餐饮服务提供者在制作的原味果汁中可以添加呈味香精。（　　）

97. 餐饮服务提供者应保持就餐场所的空气流通和卫生清洁。（　　）

98. 为勤俭节约,餐饮服务提供者可以重复使用火锅底料。（　　）

99. 餐饮服务提供者对所有项目的食品检验结论均可以申请复检。（　　）

100. 网络餐饮服务第三方平台提供者设立从事网络餐饮服务分支机构的,应当在设立后 30 个工作日向所在地食品药品监督管理部门备案。（　　）

二、单项选择题（共 50 题）

1. 有关食品安全的正确表述是（　　）。

A. 经过灭菌,食品中不含有任何细菌

B. 食品无毒、无害,符合应当有的营养要求,对人体健康不造成任何急性、亚急性或者慢性危害

C. 含有食品添加剂的食品一定是不安全的

D. 食品即使超过了保质期,但外观、口感正常仍是安全的

2. 以下关于食品安全标准的说法正确的是（　　）。

A. 食品安全标准是鼓励性标准　　　　　　B. 食品安全标准是推荐性标准

C. 食品安全标准是强制性标准　　　　　　D. 食品安全标准是自愿性标准

3. 餐饮服务提供者申办食品经营许可证时,正确的做法是（　　）。

A. 一所学校内有多个食堂(厨房独立设置)的,只需申办一个许可证

B. 一家宾馆内有多个餐厅(厨房独立设置)的,只需申办一个许可证

C. 同一法定代表人的餐饮连锁企业,只需申办一个许可证

D. 食品经营许可实行一地一证原则,每个经营场所均需要申办许可证

4. 餐饮服务提供者加工经营河豚的正确做法是（　　）。

A. 可以经营所有品种的野生河豚

B. 可以经营所有品种的养殖河豚活鱼

C. 可以经营所有品种的养殖河豚整鱼

D. 只能经营农业部批准的养殖河豚加工企业加工好的河豚制品

5. 餐饮服务提供者对食品的理化指标检验结论有异议的,可以自收到检验结论之日起（　　）个工作日内提出复检申请。

A. 7　　　　　　　　B. 10　　　　　　　　C. 15　　　　　　　　D. 30

6. 餐饮服务提供者在一年内累计（　　）次受到责令停产停业、吊销许可证以外处罚的,由食品药品监督管理部门责令停产停业,直至吊销许可证。

A. 2　　　　　　　　B. 3　　　　　　　　C. 4　　　　　　　　D. 5

7. 餐饮服务提供者财产不足以同时承担民事赔偿责任和缴纳罚款、罚金时,应当（　　）。

A. 先承担民事赔偿责任　　　　　　　　　B. 先缴纳罚款罚金

C. 减少赔偿金额和罚款金额　　　　　　　D. 不予赔偿和缴纳罚款罚金

8.餐饮服务提供者在食品安全管理中必须贯彻执行的技术法规是(　　)。

A.《餐饮服务食品安全操作规范》

B.《食品安全管理体系餐饮业要求》

C.《质量管理体系要求》

D.五常法、六T法

9.下列加工制作可以在专用操作区内进行的是(　　)。

A.生食类食品　　　　　　　　　　　　B.裱花蛋糕

C.所有冷食类食品　　　　　　　　　　D.现榨果蔬汁、果蔬拼盘

10.餐饮具保洁场所属于哪类操作区?(　　)

A.清洁操作区　　　　　　　　　　　　B.准清洁操作区

C.一般操作区　　　　　　　　　　　　D.以上都不是

11.食品的进货查验记录和进货凭证保存期限不得少于产品保质期满后(　　)。

A.3个月　　　　　　　　　　　　　　B.6个月,没有明确保质期的不少于24个月

C.12个月　　　　　　　　　　　　　　D.18个月

12.餐饮服务提供者在散装食品的储存位置可以不标明哪项内容?(　　)

A.食品的名称

B.食品的生产日期或生产批号

C.食品的成分或者配料表

D.保质期

13.被吊销许可证的餐饮服务提供者,其法定代表人、直接负责的主管人员和其他直接责任人员自处罚决定做出之日起(　　)年内不得申请食品生产经营许可、从事食品生产经营管理工作和担任食品生产经营企业食品安全管理人员。

A.2　　　　　　　　B.3　　　　　　　　C.4　　　　　　　　D.5

14.餐饮服务人员从事以下哪项操作时应戴口罩?(　　)

A.切酱牛肉　　　　B.切生牛肉　　　　C.炖牛肉　　　　D.洗生牛肉

15.餐饮服务提供者加工食品时可以添加(　　)。

A.药品　　　　　　　　　　　　　　　B.任何中药材

C.按照传统既是食品又是中药材的物质　D.少数西药

16.下列不属于食品原料的物质是(　　)。

A.罂粟壳　　　　　　B.黑胡椒　　　　　C.橘子罐头　　　　D.中式腊肠

17.下列关于过期食品处置措施正确的是(　　)。

A.尽快使用　　　　　B.降价销售　　　　C.禁止使用　　　　D.混合使用

18.在食用冰中保存的生食海鲜,加工后至食用时的间隔时间不得超过(　　)小时。

A.1　　　　　　　　B.2　　　　　　　　C.4　　　　　　　　D.24

19.全国食品安全的投诉举报电话是(　　)。

A.12315　　　　　　B.12320　　　　　　C.12331　　　　　　D.12365

20.餐饮服务提供者发生食物中毒后,应立即采取下列哪项措施?(　　)

A.停止经营,封存可能导致事故的食品及原料、工具、设备

B.清扫现场,搞好室内外卫生

C.废弃剩余食品

D.调换加工人员

21.因食品安全犯罪被判处有期徒刑以上刑罚的人员,(　　)不得从事食品生产经营管理工作,也不得担任食品生产经营企业食品安全管理人员。

A. 5 年内　　　　　　　　B. 10 年内　　　　　　　　C. 20 年内　　　　　　　　D. 终身

22. 食品安全管理人员每年应接受不少于（　　）小时的食品安全集中培训。

A. 12　　　　　　　　B. 24　　　　　　　　C. 30　　　　　　　　D. 40

23. 留样食品的留样量不少于（　　）克。

A. 20　　　　　　　　B. 50　　　　　　　　C. 75　　　　　　　　D. 125

24. 易引起组胺中毒的鱼类是（　　）。

A. 河豚　　　　　　　　B. 青皮红肉海产鱼　　　　　　　　C. 带鱼　　　　　　　　D. 甲鱼

25. 易引起沙门氏菌食物中毒的食品是（　　）。

A. 家禽及蛋类　　　　　　　　B. 蔬菜及水果　　　　　　　　C. 水产品　　　　　　　　D. 乳及乳制品

26. 易引起副溶血性弧菌食物中毒的食品是（　　）。

A. 家禽及蛋类　　　　　　　　B. 蔬菜及水果　　　　　　　　C. 海产品　　　　　　　　D. 乳及乳制品

27. 最易污染黄曲霉并产生黄曲霉毒素 B_1 的食品是（　　）。

A. 家禽及蛋类　　　　　　　　B. 蔬菜及水果　　　　　　　　C. 水产品　　　　　　　　D. 花生、玉米

28. 为预防豆浆中毒，需将豆浆在"假沸"后保持沸腾（　　）分钟以上。

A. 1　　　　　　　　B. 2　　　　　　　　C. 3　　　　　　　　D. 5

29. 禁止餐饮业采购、加工和销售的螺类是（　　）。

A. 花螺　　　　　　　　B. 黄泥螺　　　　　　　　C. 织纹螺　　　　　　　　D. 田螺

30. 专间使用紫外线灯消毒空气的，应在无人工作时开启（　　）分钟以上。

A. 10　　　　　　　　B. 15　　　　　　　　C. 20　　　　　　　　D. 30

31. 大多数细菌能够快速生长繁殖的温度范围是（　　）。

A. $-15 \sim 0$ ℃　　　　　　　　B. $0 \sim 9$ ℃　　　　　　　　C. $8 \sim 60$ ℃　　　　　　　　D. $61 \sim 70$ ℃

32. 关于食品储存、运输的做法不正确的是（　　）。

A. 装卸食品的容器、工具、设备应当安全、无毒无害、保持清洁

B. 防止食品在储存、运输过程中受到污染

C. 食品储存、运输温度符合食品安全要求

D. 将食品与有毒有害物品一起运输

33. 留样食品应保留（　　）小时以上。

A. 12　　　　　　　　B. 24　　　　　　　　C. 36　　　　　　　　D. 48

34. 下列哪类加工场所内废弃物容器盖子应为非手动开启式？（　　）

A. 粗加工场所　　　　　　　　　　　　　B. 切配场所

C. 专间　　　　　　　　　　　　　D. 餐用具清洗消毒场所

35. 为防止鼠类侵入，餐饮服务提供者应在排水沟出口处设置网眼孔径小于（　　）mm 的金属隔栅或网罩。

A. 6　　　　　　　　B. 10　　　　　　　　C. 18　　　　　　　　D. 25

36. 接触直接入口食品的从业人员应当（　　）进行一次健康检查。

A. 每 6 个月　　　　　　　　B. 每 1 年　　　　　　　　C. 每 18 个月　　　　　　　　D. 每 2 年

37. 餐饮服务提供者应当在经营场所的显著位置悬挂或者摆放（　　）。

A. 营业执照　　　　　　　　　　　　　B. 酒类流通许可证

C. 食品经营许可证　　　　　　　　　　　　　D. 税务登记证

38. 餐饮服务提供者应当将食品药品监督管理部门张贴的日常监督检查结果记录表保持（　　）。

A. 到下次监督检查时　　B. 3 个月　　　　　　　　C. 6 个月　　　　　　　　D. 2 年

39. 食品烧熟煮透的中心温度应不低于（　　）。

A.50 ℃   B.60 ℃   C.65 ℃   D.70 ℃

40.以下哪种情形可免予处罚？（　　　）

A.履行了进货查验等义务,有充分证据证明其不知道所采购的食品不符合食品安全标准,并能如实说明其进货来源

B.生产经营微生物含量超过食品安全标准限量的食品

C.生产经营掺假掺杂的食品

D.生产经营死因不明的禽、畜、兽、水产动物肉类及其制品

41.许可申请人隐瞒真实情况或者提供虚假材料申请食品经营许可的,申请人在（　　　）内不得再次申请食品经营许可。

A.3个月   B.6个月   C.1年   D.2年

42.食品经营许可证载明的许可事项发生变化,餐饮服务提供者未按规定申请变更许可的,由原发证部门责令改正,给予警告;拒不改正的,处（　　　）元罚款。

A.0.1万～1万   B.0.2万～1万

C.0.5万～1万   D.0.5万～2万

43.餐饮服务提供者撕毁、涂改日常监督检查结果记录表,或者未保持日常监督检查结果记录表至下次日常监督检查的,由市、县级食品药品监督管理部门责令改正,给予警告,并处（　　　）元罚款。

A.0.5万～5万   B.0.5万～3万

C.0.2万～3万   D.0.2万～2万

44.餐饮服务提供者需要延续食品经营许可有效期的,应当在该许可有效期届满（　　　）个工作日前,向原发证部门提出申请。

A.10   B.20   C.25   D.30

45.餐饮服务提供者应在（　　　）位置公示食品安全投诉举报电话。

A.会议室   B.负责人办公室

C.就餐场所醒目位置   D.加工操作间

46.违反《中华人民共和国食品安全法》规定,构成犯罪的(涉嫌食品安全犯罪的),应当（　　　）。

A.可以以罚代刑

B.依法追究其刑事责任

C.依法不应追究刑事责任的,不再给予行政处罚

D.经审查没有犯罪事实但依法应当予以行政处罚的,由公安机关予以处罚

47.以下避免熟食品受到各种病原菌污染的措施中错误的是（　　　）。

A.接触直接入口食品的人员经常洗手但不消毒

B.保持食品加工操作场所清洁

C.避免昆虫、鼠类等动物接触食品

D.避免生食品与熟食品接触

48.以下预防细菌性食物中毒的措施中错误的是（　　　）。

A.尽量缩短食品存放时间   B.尽量当餐食用加工制作的熟食品

C.尽快使用完购进的食品原料   D.超过加工场所和设备的承受能力加工食品

49.使用化学消毒法消毒餐具时,配好的消毒液一般多长时间更换一次？（　　　）

A.每4小时   B.每5小时   C.每6小时   B.每8小时

50.以下关于食品召回的做法中错误的是（　　　）。

A.发现其经营的食品不符合食品安全标准或者有证据证明可能危害人体健康,立即停止经营

B.对召回的食品进行无害化处理、销毁后,向所在地县级人民政府食品药品监督管理部门报告

C.通知相关生产经营者和消费者,并记录停止经营和通知情况

D. 对召回的食品采取无害化处理、销毁等措施,防止其再次流入市场

三、多项选择题(共 50 题)

1. 餐饮服务提供者依法应当履行的食品安全职责和义务包括(　　　)。

A. 持证经营,保持经营场所和条件持续符合食品安全要求

B. 建立食品安全管理制度,配备食品安全管理人员,明确各岗位食品安全责任

C. 组织职工进行食品安全培训,提高其守法经营意识,规范其经营行为

D. 组织职工进行健康检查,及时调离患有有碍食品安全疾病或病症的人员

2. 禁止采购使用下列哪几类肉类及其制品?(　　　)

A. 病死的 　　　　　　　　　　　　　　　B. 毒死的

C. 死因不明的 　　　　　　　　　　　　　D. 未经检验或者检疫不合格的

3. 发生食品安全事故后,任何单位和个人不得(　　　)。

A. 隐瞒、谎报、缓报事故信息 　　　　　　B. 隐匿、伪造、毁灭有关证据

C. 配合事故调查处理 　　　　　　　　　　D. 积极救治中毒人员

4. 食品安全监管人员对餐饮服务提供者进行监督检查时,有权采取下列哪几项措施?(　　　)

A. 进入生产经营场所实施现场检查

B. 对生产经营的食品等进行抽样检验

C. 查阅、复制有关合同、票据、账簿以及其他有关资料

D. 查封违法从事生产经营活动的场所

5.《中华人民共和国刑法》中有关食品安全犯罪的罪名主要有(　　　)。

A. 生产、销售不符合食品安全标准的食品罪 　B. 生产、销售有毒、有害食品罪

C. 生产、销售不符合安全标准的产品罪 　　　D. 生产、销售伪劣产品罪

6. 造成细菌性食物中毒的常见原因为(　　　)。

A. 原料腐败变质 　　　　　　　　　　　　B. 加工过程发生生熟交叉污染

C. 从业人员带菌污染食品 　　　　　　　　D. 食品未烧熟煮透

7. 厨房中造成交叉污染的常见因素有(　　　)。

A. 生、熟食品混存混放

B. 生、熟食品加工工用具及盛装容器混用

C. 接触直接入口食品的工具、容器使用前未消毒

D. 从业人员加工熟食品后不洗手直接择菜洗菜

8. 食品药品监督管理部门做出下列哪几项处罚决定前,应当告知当事人有要求举行听证的权利?(　　　)

A. 吊销食品经营许可证 　　　　　　　　　B. 责令停业

C. 责令改正,给予警告 　　　　　　　　　D. 较大数额罚款

9. 下列关于餐饮具清洗消毒的程序哪几项是正确的?(　　　)

A. 去残渣→洗涤剂去污→清水冲洗→物理消毒→保洁

B. 去残渣→洗涤剂去污→清水冲洗→化学消毒→保洁

C. 去残渣→洗涤剂去污→清水冲洗→保洁

D. 去残渣→洗涤剂去污→清水冲洗→化学消毒→清水冲洗→保洁

10. 餐饮服务提供者消毒餐饮具时,可采用的消毒方式包括(　　　)。

A. 煮沸或蒸汽消毒 　　　　　　　　　　　B. 红外线加热消毒

C. 紫外线消毒 　　　　　　　　　　　　　D. 用含氯消毒剂消毒

11. 下列关于餐饮具消毒方法正确的是(　　　)。

A. 煮沸消毒,温度 100 ℃,10 分钟以上

B. 红外线消毒,温度 120 ℃以上,10 分钟以上

C. 洗碗机消毒,水温 65 ℃,30 秒以上

D. 含氯消毒剂消毒,在有效氯浓度 250 mg/L 以上的消毒液中浸泡 3 分钟

12. 餐饮服务环节发生化学性食物中毒的常见原因为(　　　)。

A. 食用了毒蕈、野生河豚、发芽土豆

B. 食用了含禁用农药的蔬菜

C. 食用了未烧熟煮透的豆浆、四季豆

D. 误将亚硝酸盐当作食盐

13. 餐饮服务提供者预防细菌性食物中毒的基本原则为(　　　)。

A. 防止食品受到病原菌污染　　　　　　　B. 控制病原菌繁殖

C. 杀灭病原菌　　　　　　　　　　　　　D. 在食品中添加抗生素

14. 防控食品受到病原菌污染的措施主要为(　　　)。

A. 保持加工场所清洁卫生,防止滋生蚊蝇、蟑螂、老鼠等有害生物

B. 严格清洗和消毒餐饮具、加工工用具及容器

C. 严格执行从业人员健康管理制度,患有国务院卫生行政部门规定的有碍食品安全疾病的人员,不得从事接触直接入口食品的工作

D. 严格执行加工人员个人卫生制度

15. 不得将食品与下列哪几项物质一同储存、运输?(　　　)

A. 食品添加剂　　　　　　　　　　　　　B. 餐用具

C. 有毒物品　　　　　　　　　　　　　　D. 有害物品

16. 下列有关餐饮经营场所卫生间管理正确的是(　　　)。

A. 设置独立的排风设置

B. 出口附近设置洗手设施,并配备洗手液(皂)、消毒液、擦手纸、干手器等

C. 定期清洗卫生间设施、设备,并做好记录

D. 保持清洁卫生,无污物、无垃圾

17. 餐饮服务提供者采购国内食品生产企业生产的预包装食品时,应当查验下列哪项内容?(　　　)

A. 食品的名称、规格、净含量　　　　　　B. 食品的生产日期、保质期

C. 生产者的名称、地址、联系方式　　　　D. 生产许可证编号、产品标准代号

18. 下列哪几项物质为食品生产经营活动中禁止使用的非食用物质?(　　　)

A. 硼砂　　　　　　　　　　　　　　　　B. 罂粟壳

C. 酸性橙(金黄粉)　　　　　　　　　　　D. 柠檬黄

19. 下列哪几项物质为食品生产经营活动中禁止使用的非食用物质?(　　　)

A. 吊白块　　　　　　B. 甲醛　　　　　　C. 苏丹红　　　　　　D. 三聚氰胺

20. 对违反食品安全法律法规规定的餐饮服务提供者,可处以(　　　)。

A. 罚款　　　　　　　B. 吊销许可证　　　C. 行政拘留　　　　　D. 判刑

21. 专间内需要有下列哪几项专用设施?(　　　)

A. 冷藏设备　　　　　　　　　　　　　　B. 空气消毒设施

C. 工具清洗消毒设施　　　　　　　　　　D. 独立的空调设施

22. 对在加工制作的食品中非法添加药品的行为,应当给予的处罚为(　　　)。

A. 没收违法所得和违法生产经营的食品,并可没收用于违法生产经营的工具、设备、原料等物品

B. 货值金额不足 1 万元的,并处 10 万~15 万元罚款;货值金额 1 万元以上的,并处货值金额5~

10 倍罚款

C. 情节严重的,吊销许可证,并可由公安机关对其直接负责的主管人员和其他直接责任人员处 30 日拘留

D. 构成犯罪的,依法追究刑事责任

23. 晨检时发现从业人员存在下列哪几项病症,应立即将其调离接触直接入口食品的工作岗位?（　　）

A. 发热　　　　　　　B. 腹泻　　　　　　　C. 皮肤伤口或感染　　　　D. 头晕

24. 存放消毒后餐用具的保洁设施,应符合下列哪几项要求?（　　）

A. 标记明显　　　　　B. 结构密闭　　　　　C. 易于清洁　　　　　D. 材质透明

25. 下列有关裱花蛋糕加工制作的要求中正确的是（　　）。

A. 在专用冰箱中冷藏蛋糕坯

B. 当天加工、当天使用裱浆和经清洗消毒的新鲜水果

C. 植脂奶油裱花蛋糕储藏温度在 10 ℃±2 ℃

D. 蛋白裱花、奶油裱花、人造奶油裱花等蛋糕储藏温度不超过 30 ℃

26. 下列有关备餐操作的要求中正确的是（　　）。

A. 认真检查待供应食品,发现腐败变质或感官异常的,不得供应

B. 分派菜肴、整理造型的用具使用前应消毒

C. 加工制作围边、盘花等的材料应符合食品安全要求,使用前应清洗消毒

D. 烹饪后至食用前超过 2 小时的食品,存放在常温环境中

27. 接触直接入口食品的从业人员,出现下列哪几项情形时应洗手消毒?（　　）

A. 处理食物前

B. 接触生食物后、接触受到污染的工具或设备后

C. 使用卫生间后、处理动物或废弃物后

D. 咳嗽、打喷嚏或擤鼻涕后

28. 倡导餐饮服务提供者开展下列哪几项活动?（　　）

A. 宣传普及食品安全法律法规及知识

B. 连锁经营与配送

C. 采用食品安全管理先进技术和管理规范

D. 公开食品加工过程,公示食品原料及其来源等信息

29. 国务院卫生行政部门规定的有碍食品安全的疾病包括（　　）。

A. 霍乱、细菌性和阿米巴性痢疾

B. 伤寒和副伤寒

C. 病毒性肝炎（甲型、戊型）

D. 活动性肺结核、化脓性或者渗出性皮肤病

30. 下列有关餐厨废弃物处置要求正确的是（　　）。

A. 建立餐厨废弃物处置管理制度

B. 分类放置餐厨废弃物,做到周产周清

C. 将餐厨废弃物交由经相关部门许可或备案的餐厨废弃物收运、处置单位处理

D. 建立餐厨废弃物处置台账,详细记录有关情况

31. 禁止餐饮服务提供者采购、使用的食品添加剂为（　　）

A. 亚硝酸钠　　　　　B. 亚硝酸钾　　　　　C. 硫酸铝钾　　　　　D. 硫酸铝铵

32. 食品留样记录中应包含下列哪几项内容?（　　）

A. 留样食品名称　　　B. 留样时间　　　　　C. 留样人员　　　　　D. 加工人员

33.下列哪几项加工制作必须在专间内进行?(　　)

A.加工制作冷食类食品　　　　　　　　B.加工制作生食类食品

C.加工制作裱花蛋糕　　　　　　　　　D.加工制作饮料

34.下列有关从业人员个人卫生的行为中正确的是(　　)。

A.穿戴清洁的工作衣帽　　　　　　　　B.头发不外露

C.留长指甲,涂指甲油　　　　　　　　D.饰物外露

35.餐饮服务提供者应当履行以下哪几项食品安全法定职责和义务?(　　)

A.严格制订并实施原料控制要求、过程控制要求

B.开展食品安全自查,评估食品安全状况,及时整改问题,消除风险隐患

C.及时妥善处理消费者投诉,依法报告和处置食品安全事故

D.接受政府监管和社会监督,依法承担行政、民事和刑事责任

36.餐饮服务提供者申请食品经营许可时,应当具备下列哪几项条件?(　　)

A.具有与经营的食品品种、数量相适应的场所、设备或者设施

B.与有毒有害场所以及其他污染源保持一定距离

C.有专职或兼职食品安全管理人员和保证食品安全的规章制度

D.具有合理的设备布局和工艺流程

37.餐饮服务提供者加工制作菜品时,应符合下列哪几项规定?(　　)

A.可以添加西药

B.可以添加中草药

C.可以添加按照传统既是食品又是中药材的物质

D.不添加药品

38.从事网络餐饮经营的餐饮服务提供者应遵守以下哪几项规定?(　　)

A.具有实体店

B.取得食品经营许可证

C.在许可核定的范围内从事经营活动,不得超范围经营

D.在网络上公示其食品经营许可证、量化分级动态等级

39.从事网络餐饮经营的餐饮服务提供者应遵守下列哪几项与网络订餐送餐有关的规定?
(　　)

A.网上公示的店名、地址、订餐食品等信息与实际一致,不得虚假

B.送餐食品包装严密,防止送餐途中受到污染

C.送餐食品有保鲜、保温、冷藏或冷冻要求的,采取能保证食品安全的相应措施

D.委托具备相应能力的企业送餐

40.下列哪几项为餐饮服务提供者预防细菌性食物中毒的关键控制点?(　　)

A.避免熟食品在加工、储存中受到各种病原菌污染

B.控制好食品的加热温度和熟食品的储存温度

C.控制好熟食的存放时间,尽量当餐食用

D.食品的加工量与加工条件相吻合,防止超过加工场所的承受能力加工

41.以下哪几项为防止生熟交叉污染的有效措施?(　　)

A.采用材质、形状、颜色、标识等方式明显区分加工生熟食品的工用具、容器等

B.彻底洗净接触直接入口食品的餐饮具、工用具、容器

C.从业人员洗手消毒后加工熟食

D.在专间或专用场所内加工直接入口食品

42.餐饮服务提供者购买下列哪几项物品时应当实行进货查验制度?(　　)

A.食品
B.食品洗涤剂、消毒剂

C.桌椅板凳
D.杀虫剂

43.餐饮服务企业采购食品原料时应当遵守以下哪几项要求？（　　　）

A.查验供货者的许可证、食品检验合格证明

B.检查原料感官性状，不采购《中华人民共和国食品安全法》禁止生产经营的食品

C.按规定索取并留存购物凭证

D.按规定记录采购食品的相关信息

44.下列哪几种情形不符合从业人员个人卫生要求？（　　　）

A.未经更衣洗手直接进入加工间

B.将私人物品带入食品处理区

C.在食品处理区内吸烟、饮食

D.进入专间的人员洗手消毒后，穿戴专用的工作衣帽并佩戴口罩

45.生食水产品存在较高的食品安全风险，加工不当可引起（　　　）。

A.细菌性食物中毒
B.食品口感不好

C.食源性寄生虫病
D.食源性肠道传染病

46.将食品离地离墙储存是为了（　　　）。

A.便于存取
B.通风防潮

C.防止有害生物藏匿
D.便于检查和清洁

47.未取得食品经营许可从事餐饮服务，应当承担以下哪几项法律责任？（　　　）

A.没收违法所得

B.没收用于违法经营的工具、设备、原料等物品

C.违法经营的食品货值金额不足 1 万元的，处 5 万～10 万元罚款

D.货值金额 1 万元以上的，处货值金额 5 倍以上 10 倍以下罚款

48.餐饮服务经营者拒绝、阻挠、干涉食品药品监督管理部门依法开展食品安全监督检查、事故调查处理的，相关部门可给予其哪几种处罚？（　　　）

A.责令改正，给予警告

B.责令停产停业，并处 2 千～5 万元罚款

C.情节严重的，吊销许可证

D.构成违反治安管理行为的，由公安机关依法给予治安管理处罚

49.下列哪几种食品属于禁止生产经营的食品？（　　　）

A.腐败变质的食品

B.死因不明的禽、畜、兽等动物肉类

C.按照国家食品安全标准添加了食品添加剂的食品

D.营养成分不符合食品安全标准的食品

50.以下清洗消毒餐具的做法中错误的是（　　　）。

A.消毒后的餐具应储存在专用保洁设施内备用

B.重复使用一次性餐具时要注意洗净以后再消毒

C.消毒后的餐具一定要使用抹布、餐巾擦干

D.使用化学消毒法消毒餐具时，要注意定时测量消毒液浓度，浓度低于要求时应立即更换或适量补加

附录 B　教学网络资源搜索方法推荐

1.《食品安全国家标准 餐饮服务通用卫生规范》：见国家卫生健康委员会官方网站。（国家卫生健康委发布 50 项新食品安全国家标准 http://www.nhc.gov.cn/sps/s3594/202103/ba20eaa2d7624409aac15c15158336c0.shtml）

2.《餐饮服务食品安全操作规范宣传册》：见国家市场监督管理总局网站。（市场监管总局办公厅关于印发《餐饮服务食品安全操作规范宣传册》的通知 https://gkml.samr.gov.cn/nsjg/spjys/202006/t20200617_317078.html）

3.《餐饮服务食品安全操作规范》：见国家市场监督管理总局官方网站。（市场监管总局关于发布餐饮服务食品安全操作规范的公告 http://samr.saic.gov.cn/spjys/tzgg/201902/t20190226_291361.html）

4.《中华人民共和国食品安全法》：搜索引擎中搜索"中华人民共和国食品安全法"。

5.网络教学资源推荐：

(1)《餐饮服务食品安全操作规范》教学片

(2)《学校食堂食品安全管理与操作规范》教学片

(3)食品安全操作规范虚拟仿真实训平台

　　①http://sydr.panov.com.cn/#/course/learn/10? preview=&lesson_id=95

　　②http://sydr.panov.com.cn/#/course/learn/7? preview=&lesson_id=69

搜索方法：在搜索引擎中输入以上名称或链接后搜索，点击观看即可。

6.本教材配套拓展学习资源库，可扫描下方二维码获取：

　　本书写作过程中使用了部分图片，在此向这些图片的版权所有人表示诚挚的谢意！由于客观原因，我们无法联系到您。请相关版权所有人与出版社联系，出版社将按照国家相关规定和行业标准支付稿酬。

主要参考文献

［1］　申永奇.西餐食品营养与安全［M］.长春：东北师范大学出版社，2015.

［2］　骆淑波，李孔心.烹饪营养与卫生［M］.3 版.大连：东北财经大学出版社，2015.

［3］　熊敏.餐饮业食品安全控制［M］.北京：化学工业出版社，2012.

［4］　顾伟强.食品安全与操作规范［M］.重庆：重庆大学出版社，2015.

［5］　张怀玉，蒋健基.烹饪营养与卫生［M］.2 版.北京：高等教育出版社，2008.